全国高职高专院校"十二五"规划教材

Pro/ENGINEER Wildfire 项目化教程

主　编　杨晓伟

副主编　翁惠清

中国水利水电出版社
www.waterpub.com.cn

内 容 提 要

本书以 Pro/ENGINEER Wildfire 5.0 为基础，全书共 3 个项目，主要介绍了 Pro/ENGINEER Wildfire 5.0 的操作基础、变速器产品设计、落地扇产品设计。本书以项目化实例为依托，通过丰富的实例和详尽的步骤说明，较系统地介绍了 Pro/ENGINEER Wildfire 5.0 软件的实体建模、线面建模、组件零件设计、工程图的创建、运动仿真以及高级命令的使用。

本书适合运用 Pro/E 进行产品设计时使用，还可以供初学者和大中专院校学生使用，也可以作为从事机械设计及相关行业人员的学习和参考用书。

本书提供电子教案，读者可以从中国水利水电出版社网站和万水书苑上下载，网址为：http://www.waterpub.com.cn/softdown/和 http://www.wsbookshow.com。

图书在版编目（ＣＩＰ）数据

Pro/ENGINEER Wildfire项目化教程 / 杨晓伟主编
. —— 北京 ：中国水利水电出版社，2014.9
全国高职高专院校"十二五"规划教材
ISBN 978-7-5170-2458-3

Ⅰ．①P… Ⅱ．①杨… Ⅲ．①机械设计－计算机辅助
设计－应用软件－高等职业教育－教材 Ⅳ．①TH122

中国版本图书馆CIP数据核字(2014)第207420号

策划编辑：石永峰　责任编辑：李 炎　加工编辑：芦丹桐　封面设计：李 佳

书　　名	全国高职高专院校"十二五"规划教材 Pro/ENGINEER Wildfire 项目化教程
作　　者	主　编　杨晓伟 副主编　翁惠清
出版发行	中国水利水电出版社 （北京市海淀区玉渊潭南路 1 号 D 座　100038） 网址：www.waterpub.com.cn E-mail: mchannel@263.net（万水） 　　　　sales@waterpub.com.cn 电话：（010）68367658（发行部）、82562819（万水）
经　　售	北京科水图书销售中心（零售） 电话：（010）88383994、63202643、68545874 全国各地新华书店和相关出版物销售网点
排　　版	北京万水电子信息有限公司
印　　刷	三河市铭浩彩色印装有限公司
规　　格	184mm×260mm　16 开本　12.25 印张　310 千字
版　　次	2014 年 9 月第 1 版　2014 年 9 月第 1 次印刷
印　　数	0001—3000 册
定　　价	24.00 元

前　言

Pro/ENGINEER 是美国参数技术公司（Parametric Technology Corporation，简称 PTC）的产品，于 1988 年问世，在目前的三维造型软件领域中占有重要地位，广泛应用于电子、机械、模具、工业设计、汽车、航天、家电、玩具等行业。目前 PTC 公司发布的最新版本是 Pro/ENGINEER Wildfire 5.0，其功能更加强大，能够将设计到生产的全过程集成在一起，实现并行工程设计。

本书以 Pro/ENGINEER Wildfire 5.0 中文版为平台，按照工学结合的理念，在工作岗位的典型工作任务中融入教学元素，使之成为训教项目，使读者在完成训教项目任务的过程中获取知识、掌握技术技能、养成良好的职业素质。本书结合两个典型的工作任务，即变速器产品设计与落地扇产品设计，详细介绍了二维草绘、三维建模、线面造型、组件设计、工程图的生成等 Pro/E 软件的功能。全书采用图文结合方式，一改过去多单元、多章节，先理论、后实践的系统化的教学模式，通过典型的项目化设计让学习更生动、简洁，更易于理解，让读者在做中学、学中做，并在兼顾"适度、够用"的原则下注重专业技能的提高，在项目设计上适度增加了部分高级命令的使用，方便能力强的读者学习。

全书共 3 个项目，每个小节都经过精心设计，内容由基础到高级，由浅入深，逐步推进，使读者全面掌握 Pro/E 建模的主要功能。项目 1 主要介绍 Pro/ENGINEER Wildfire 5.0 的操作基础，内容包括 Pro/ENGINEER Wildfire 5.0 主操作界面、选取操作、鼠标操作、文件操作、基本视图操作；项目 2 主要介绍变速器产品设计，强调基础建模能力的训练，内容包括变速器零件设计、变速器零件组件设计、变速器工程图的制作；项目 3 主要介绍落地扇产品设计，强调建模能力的综合运用、曲面曲线建模以及 Pro/E 高级命令的使用，内容包括底座零件设计、电机壳零件设计、网罩零件设计、扇叶零件设计、落地扇按键盒零件设计、按键面板零件设计、按键零件设计、组件设计。

本书结构严谨，重点突出，步骤详实，应用性强，适合初学者和大中专院校学生使用，同时也可以供运用 Pro/E 软件进行产品设计的读者使用，以及从事机械设计及相关行业的人员学习和参考使用。

本书建议学时为 60～90 学时，各章节学时分配见下表（供参考）。

项目	内容	理论	实践	合计
1	Pro/ENGINEER Wildfire 5.0 操作基础	4	4	8
1	思考练习		2	2
2	变速器产品设计	20	20	40
2	思考练习		10	10
3	落地扇产品设计	10	10	20
3	思考练习		10	10
	合计	34	56	90

本书由杨晓伟担任主编，翁惠清担任副主编，参与本书编写与收集工作的还有清远职业技术学院的石品德、余晓新、郭汉桥、陈广胜、张伟雄、方少强、孙姿姣、李生明等老师，在此一并致谢。由于编者水平有限，书中难免存在不当之处，希望广大读者提出意见和建议。

编　者
2014 年 6 月

目　　录

项目 1 Pro/ENGINEER Wildfire 5.0 操作基础

本章主要介绍 Pro/ENGINEER Wildfire 5.0 的主操作界面、文件菜单及模型视图的使用方法，同时对主菜单、工具栏及鼠标的使用也作了详细的介绍。

本章力图使读者熟悉 Pro/ENGINEER Wildfire 5.0 的工作环境，掌握 Pro/ENGINEER Wildfire 5.0 的基本操作方法，为学习后面的内容做准备。

1.1 Pro/ENGINEER Wildfire 5.0 主操作界面

双击桌面上的 Pro/E 软件快捷启动图标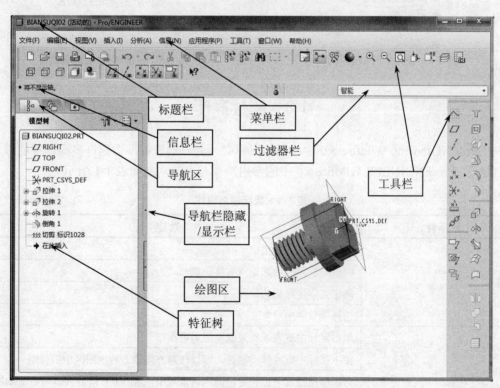，弹出 Pro/ENGINEER Wildfire 5.0 零件设计模块的主操作界面，如图 1-1 所示。Pro/E 其他模块界面的布局基本相同。

图 1-1 Pro/E5.0 软件的主操作界面

1.2 选取操作

选取对象是应用 Pro/E 软件时最基本的操作。要选取项目，需要将鼠标移到要选择的项目附近，项目预选加亮后，使用鼠标左键单击它。如果要选取的特征比较复杂，或选择的对象不容易捕捉到时，可使用过滤器选择的方式选择对象。

选择多个项目或对象时，应使用 Ctrl 键或 Shift 键。图 1-2 所示为按下键盘上 Ctrl 键的同时，依次点击要选择的特征，同时选中三个特征；图 1-3 所示为按下 Shift 键，依次点击首尾两个特征，软件自动选中这两个特征之间的所有特征。

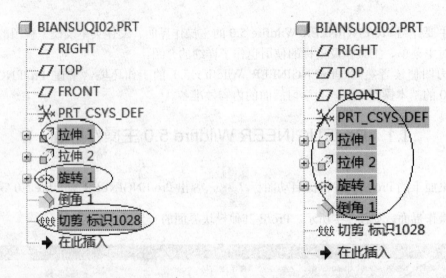

| 图 1-2　使用 Ctrl 键选取项目 | 图 1-3　使用 Shift 键选取项目 |

1.3　鼠标操作

在 Pro/ENGINEER Wildfire 5.0 中使用的鼠标必须是三键鼠标，否则许多操作不能进行。三键鼠标在 Pro/ENGINEER Wildfire 5.0 中的常用操作与主要功能如表 1-1 所示。

表 1-1　鼠标键的操作

鼠标键	功能
左键	选择菜单、工具按钮
	明确绘制图元的起始点与终止点
	确定文字注释起始位置
	选择模型中的对象
中键	单击鼠标中键表示结束或完成当前操作
	按下鼠标中键并移动鼠标，可以任意方向地旋转视图区中的模型
	将鼠标指针置于已经定位的几何区域中，然后垂直向前或者向后滚动鼠标滚轮（中键），可以对模型视图进行缩小或者放大的控制操作
	按住鼠标中键+Ctrl 键的同时，向前或向后移动鼠标，也可对模型视图进行缩小或者放大的控制操作
	同时按下 Shift 键和鼠标中键，拖动鼠标可平移视图区中的模型
右键	选中对象（如工作区和模型树中的对象、模型中的图素等），单击右键，显示相应的快捷菜单

1.4　文件操作

基本的文件管理操作包括新建文件、保存文件、打开文件、设置工作目录、关闭文件、拭除文件、删除文件等。

在菜单栏中单击"文件"，展开下拉菜单，如图 1-4 所示。

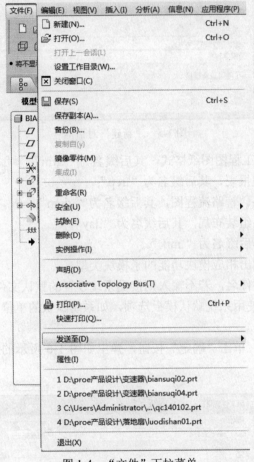

图 1-4　"文件"下拉菜单

1.4.1　新建文件

单击"文件"菜单中的"新建"命令或者单击工具栏中的 □（创建新对象）按钮，打开"新建"对话框，如图 1-5 所示，该对话框包含要建立的文件类型及其子类型。

类型：在该栏中列出 Pro/ENGINEER Wildfire 5.0 提供的 10 类功能模块。

- 草绘：建立 2D 草图文件，其后缀名为".sec"；
- 零件：建立 3D 零件模型文件，其后缀名为".prt"；
- 组件：建立 3D 模型组装文件，其后缀名为".asm"；
- 制造：NC 加工程序制作、模具设计，其后缀名为".mfg"；
- 绘图：建立 2D 工程图，其后缀名为".drw"；

图 1-5　"新建"对话框

- 格式：建立 2D 工程图图纸格式，其后缀名为".frm"；
- 报告：建立模型报表，其后缀名为".rep"；
- 图表：建立电路、管路流程图，其后缀名为".dgm"；
- 布局：建立产品组装布局，其后缀名为".lay"；
- 标记：注解，其后缀名为".mrk"。

子类型：在该栏中列出相应模块功能的子模块类型。

名称：输入新建的文件名，若不输入则接受系统设置的默认文件名。

"使用缺省模板"：使用系统默认模板选项，如系统默认的单位、视图、基准面、图层等的设置。

不"使用缺省模板"，单击"确定"按钮，弹出如图 1-6 所示的对话框，在该对话框中可选择其他模板样式。

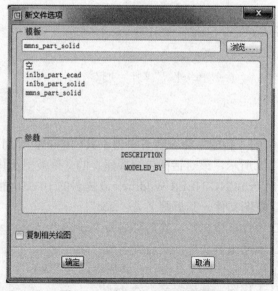

图 1-6　"新文件选项"对话框

1.4.2　打开文件

单击"文件"菜单中的"打开"命令或者单击工具栏中的 （打开）按钮，打开"文件打开"对话框，如图 1-7 所示。

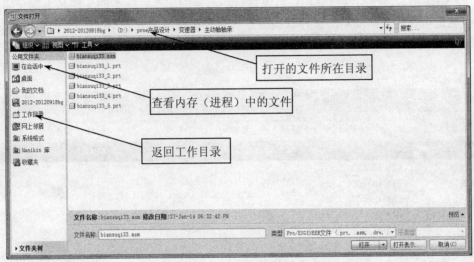

图 1-7　"文件打开"对话框

1.4.3　设置工作目录

单击"文件"菜单中的"设置工作目录"命令，打开"选取工作目录"对话框，如图 1-8 所示，浏览到要设置的目录，单击"确定"按钮。

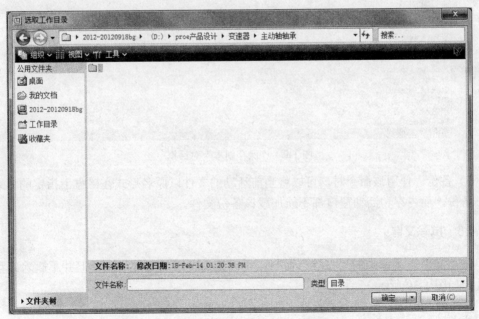

图 1-8　"选取工作目录"对话框

设定当前工作目录既便于以后文件的保存与打开，也便于文件的管理与查找。

1.4.4   保存文件

（1）保存。单击"文件"菜单中的"保存"命令或者单击工具栏中的 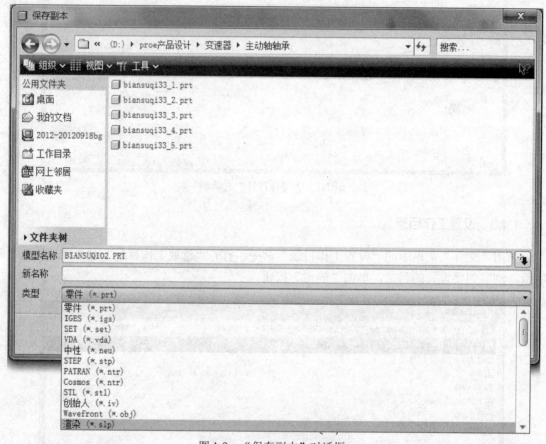（保存）按钮，可以将当前工作窗口中的模型以增加版本号的方式建立一个新的版本，原来的版本仍然存在。

（2）保存副本。使用该命令，可以保存活动对象的副本，副本的文件名不能与源文件名相同，也就是可以将当前活动的文件以新名形式保存在相同的或者不同的目录之下，并且可以根据设计需要为新文件指定系统所认可的数据类型，"类型"下拉列表框中的文件类型如图 1-9 所示。

图 1-9   "保存副本"对话框

（3）备份。使用该命令时，可以将当前活动的文件以原名形式在磁盘上指定的目录下进行数据备份，而内存和活动窗口都不能加载该备份文件。

1.4.5   拭除文件

单击"文件"菜单中的"拭除"命令，可以把内存中的文件清除，但并不删除硬盘中的原文件，如图 1-10 所示。

当前：将当前工作窗口中的模型文件从内存中删除。

不显示：将没有显示在工作窗口中但存在于内存中的所有模型文件从内存中删除。

元件表示：把进程中没有使用的，而且简化表示的模型，从内存中删除。

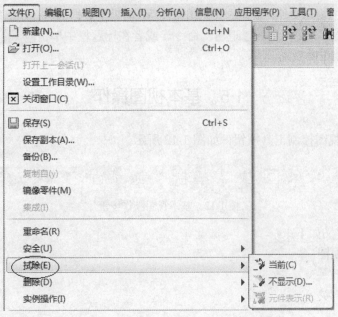

图 1-10　"拭除"命令

1.4.6　删除文件

单击"文件"菜单中的"删除"命令，可删除当前模型的所有版本文件，或者删除当前模型的所有旧版本，只保留最新版本，如图 1-11 所示。

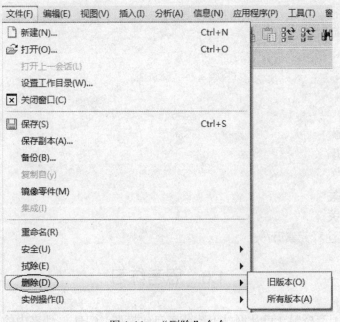

图 1-11　"删除"命令

1.4.7　关闭文件与退出系统

在菜单栏中选择"文件"→"关闭窗口"命令，或者在菜单栏中选择"窗口"→"关闭"命令，可以关闭当前的窗口文件。以此方式关闭文件后，其模型数据仍然存在于系统的进程内存中。

　　在菜单栏中选择"文件"→"退出"命令，或者在标题栏中单击 ▓▓×▓▓（关闭）按钮，可以退出 Pro/ENGINEER 系统。

1.5　基本视图操作

Pro/E 常用的视图控制工具按钮，如图 1-12 所示。

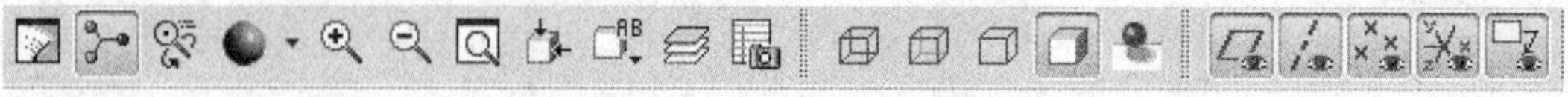

图 1-12　基本视图操作按钮

各图标按钮含义如下：

🔲重画当前视图

🔗旋转中心开/关

🎡定向模式开/关

⚫外观库

🔍放大

🔍缩小

🔍重新调整对象使其完全显示在屏幕上

🔧重定向视图

🔳保存的视图列表

🔳层

🔳视图管理器

🔳线框

🔳隐藏线

🔳无隐藏线

🔳着色

🔳增强真实感

🔳基准平面开/关

🔳基准轴开/关

🔳基准点开/关

🔳坐标系开/关

🔳3D 注释或注释元素开/关

1.6　思考练习

　　1. 请将本书配套资料（可从网站下载或者自建模型）CH1 文件夹中的内容复制到电脑的 D:\CH1 中。

　　2. 打开 Pro/E 软件。

　　3. 设置工作目录到 D:\CH1 中。

4. 打开工作目录下的文件 CH1_EXE.prt，练习展开与隐藏导航栏。

5. 打开工作目录下的文件 CH1_EXE.prt，按住 Ctrl 键或 Shift 键在导航栏练习选取操作，并察看显示效果。

6. 打开工作目录下的文件 CH1_EXE.prt，运用 Ctrl 键、Shift 键及鼠标中键，练习模型的缩放及旋转，观察模型显示效果。

7. 打开工作目录下的文件 CH1_EXE.prt，分别单击工具栏上的按钮 ⊡、⊡、⊡、⊡、● ，观察模型显示效果。

8. 打开工作目录下的文件 CH1_EXE.prt，分别单击工具栏上的按钮 ⊕、⊖、回 ，观察模型显示效果。

9. 打开工作目录下的文件 CH1_EXE.prt，单击工具栏上的按钮 ● ▾ 右边的三角符号，在"我的外观"命令中选择红色，选择零件上表面，单击"确定"按钮观察模型显示效果并保存文件。

10. 打开工作目录下的文件 CH1_EXE.prt，单击"文件"菜单中的"保存副本"命令，另存为"CADTU.prt"。

11. 打开工作目录下的文件 CH1_EXE.prt，单击"文件"菜单中的"拭除"→"当前"命令，观察显示效果。

12. 退出 Pro/E 软件。

项目2 变速器产品设计

Pro/E 是目前最流行的 CAD/CAM/CAE 工业设计软件之一，从本项目开始，将通过对变速器、落地扇等具体产品的零件及组件的建模以及工程图的制作，来介绍利用 Pro/E 进行产品设计的基本操作，使读者掌握各种建模的方法及操作技术要点，并对产品设计的流程有一个全面详实的了解与掌握。

本项目主要介绍利用 Pro/E 对变速器产品的各个零部件进行实体建模，由浅入深，使读者逐步掌握实体建模的方法与技巧。变速器产品的零件图纸在本书的附录一中给出，请大家在学习的时候参照附录中的零件图纸，领会本章建模的基本方法与技巧。

2.1 变速器零件设计

2.1.1 放油塞垫片设计

本节重点：新文件的创建；工作目录的设置；拉伸特征的操作；草绘选项的设置；草绘命令的操作；尺寸的修改；零件着色的操作；文件保存的操作。

放油塞垫片零件，如图 2-1 所示。

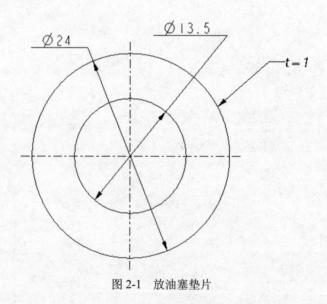

图 2-1 放油塞垫片

1. 零件建模

（1）启动 Pro/E 软件，如图 2-2 所示，在菜单栏中选择"文件"→"设置工作目录"命令，如图 2-3 所示，在弹出的对话框中选择要设置的工作目录，如图 2-4 所示。

图 2-2　Pro/ENGINEER Wildfire 5.0 启动后操作界面

图 2-3　"设置工作目录"命令

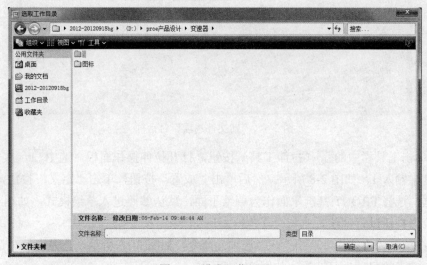

图 2-4　设定工作目录

（2）单击 □（创建新对象）按钮，打开"新建"对话框。在"类型"中选"零件"单选项，在"子类型"中选"实体"单选项，输入文件名 biansuqi01，如图 2-5 所示，取消勾选"使用缺省模板"复选框，单击"确定"按钮。在打开的"新文件选项"对话框中选中"mmns_part_solid"选项，如图 2-6 所示，单击"确定"按钮。进入零件设计界面，如图 2-7 所示，系统自动产生基准特征：坐标系（PRT_CSYS_DEF）和坐标平面（FRONT、TOP、RIGHT）。

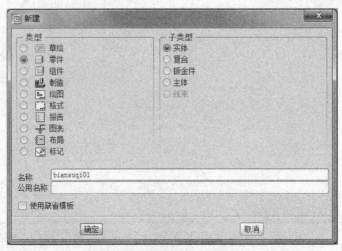

图 2-5　"新建"对话框

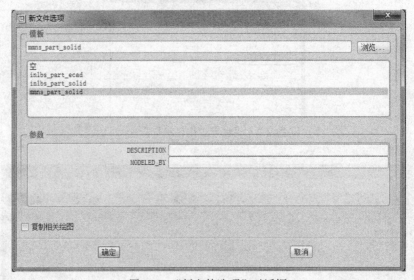

图 2-6　"新文件选项"对话框

（3）单击工具栏中的 ┍┙（拉伸工具）按钮，打开拉伸操作面板，选中 □（实体）按钮，在拉伸深度中输入 1，如图 2-8 所示。然后单击"放置"按钮，单击"定义"按钮，弹出"草绘"对话框，选择 FRONT 基准平面作为草绘平面，默认参照进入草绘模式，如图 2-9 所示，单击"草绘"按钮进行草绘。

（4）在菜单栏中选择"草绘"→"选项"命令，如图 2-10 所示，在弹出的对话框中选中"锁定用户定义的尺寸"复选框，如图 2-11 所示。

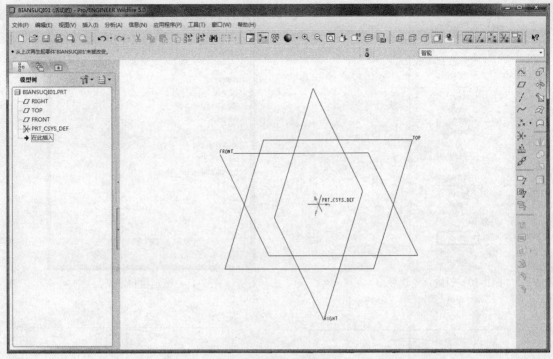

图 2-7 零件设计界面

图 2-8 拉伸工具操作界面

图 2-9 "草绘"对话框

（5）单击工具栏中的 ○（圆命令）按钮，在如图 2-12 所示的位置上画两个圆，然后单击 ↖（依次选取）按钮，将鼠标移到系统自动给出的尺寸上双击鼠标左键，在尺寸框中修改尺寸为 24，按回车键或鼠标中键完成修改，以同样的方法修改另一个尺寸为 13.5，按回车键或鼠标中键完成修改，如图 2-13 所示。

（6）单击工具栏中的 ✔（继续当前部分）按钮。

（7）单击拉伸工具操作栏中的 ✔（完成）按钮，完成零件的绘制，如图 2-14 所示。

图 2-10　设置草绘选项　　　　　　　图 2-11　锁定用户定义尺寸

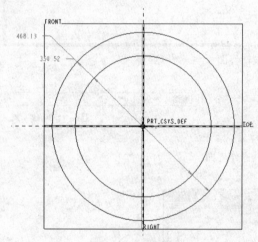

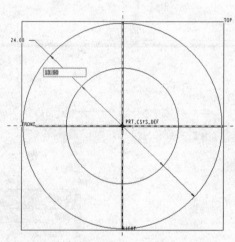

图 2-12　画两个圆　　　　　　　　　图 2-13　修改尺寸

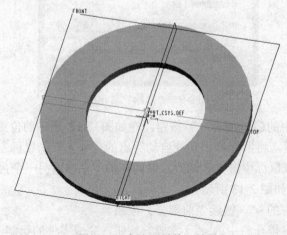

图 2-14　变速器零件 1 效果

2．零件外观着色

（1）单击工具栏中的 （外观库）按钮旁边的▼按钮，打开外观面板。在模型外观上，单击鼠标右键，然后单击"新建"选项，如图 2-15 所示，在弹出的外观编辑器中的"名称"文本框中输入名字为"橡胶色"，在等级中选择材质为"橡胶"，然后单击颜色选项，如图 2-16 所示，在弹出的颜色编辑器中分别调整 R、G、B 三基色，如图 2-17 所示，满意后单击"关闭"按钮。

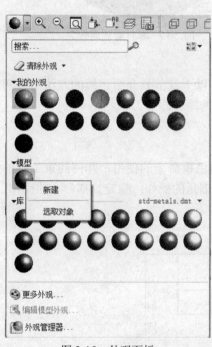

图 2-15 外观面板

图 2-16 外观编辑器

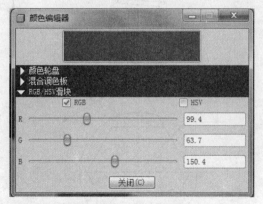

图 2-17 颜色编辑器

（2）单击外观编辑器中的"确定"按钮，此时鼠标变为画笔状，将鼠标移到模型树，单击零件名，如图 2-18 所示，单击鼠标中键，完成零件的着色，如图 2-19 所示。

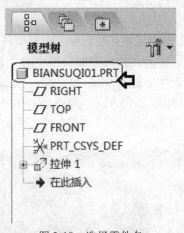

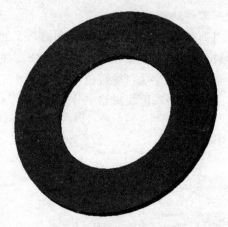

图 2-18　选择零件名　　　　　　　　图 2-19　零件着色后效果

（3）单击工具栏上的 （保存）按钮保存文件。

后续零件的着色与此类似，为节约篇幅不再赘述。以下章节只介绍建模的方法与技巧，模型着色大家可以根据个人的喜好进行，能够区分不同的零件即可。

2.1.2　放油塞设计

本节重点：旋转特征的操作；草绘命令的操作；调色板命令的使用；几何约束工具的操作；尺寸标注的方法；约束冲突的解决方法；工程特征倒角的操作；螺旋扫描命令的操作。

放油塞零件，如图 2-20 所示，其建模的基本流程如下：

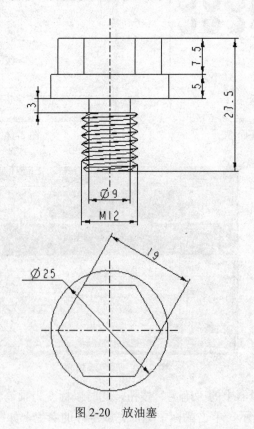

图 2-20　放油塞

（1）启动 Pro/E 软件，设置工作目录，单击 □（创建新对象）按钮，打开"新建"对话框。在"类型"中选"零件"单选项，在"子类型"中选"实体"单选项，输入文件名为 biansuqi02，取消勾选"使用缺省模板"复选框，在打开的"新文件选项"对话框中选中"mmns_part_solid"按钮，单击"确定"按钮，进入零件设计界面。

（2）单击工具栏中的 □（拉伸工具）按钮，打开拉伸操作面板，选中 □（实体）按钮，在拉伸深度中输入 7.5，如图 2-21 所示，然后单击"放置"按钮，再单击"定义"按钮，弹出"草绘"对话框，选择 TOP 基准平面作为草绘平面，以 RIGHT 为"右"参照进入草绘模式，单击"草绘"按钮进行草绘。

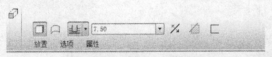

图 2-21　拉伸命令操作面板

（3）在菜单栏中选择"草绘"→"选项"命令，在弹出的对话框中选中"锁定用户定义的尺寸"复选框。

（4）单击工具栏中的 ◎（调色板）按钮，在"多边形"选项卡中，双击"六边形"选项，如图 2-22 所示，单击绘图界面的空白处，如图 2-23 所示，单击"移动和调整大小"对话框中的 ✔ 按钮，如图 2-24 所示，同时关闭"草绘器调色板"对话框。

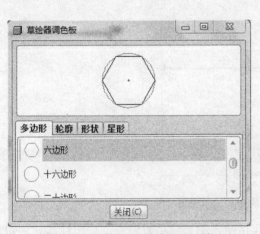

图 2-22　"草绘器调色板"对话框

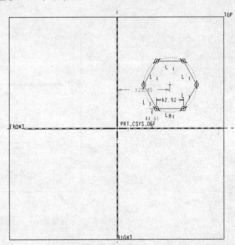

图 2-23　草绘界面放置

图 2-24　"移动和调整大小"对话框

（5）单击工具栏中的 ⦿（重合约束）按钮，如当前位置没有重合约束，可以单击约束旁边的 ▸（展开）按钮，从中选择重合约束，如图 2-25 所示；然后选择六边形中心与 FRONT 平面的投影直线参照，如图 2-26 所示。同样的方法，选择六边形中心与 RIGHT 平面的投影直线参照，完成重合约束，如图 2-27 所示。

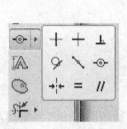

图 2-25　约束展开框图

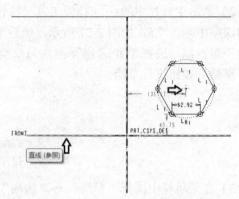

图 2-26　选择六边形中心与参照直线

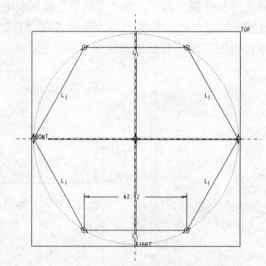

图 2-27　完成重合约束后的效果图

（6）单击工具栏中的 ⟷▸（法向）尺寸标注按钮，如当前位置没有法向标注按钮，可以单击约束旁边的 ▸（展开）按钮从中选择法向，然后选择六边形的两个平行边，在绘图区空白处单击鼠标中键，如图 2-28 所示。此时出现尺寸标注冲突，在弹出的对话框中，选择尺寸 62.92，单击"删除"按钮，如图 2-29 所示。在尺寸框中修改尺寸为 19，如图 2-30 所示，回车或单击鼠标中键确定。

（7）单击工具栏中的 ✔（继续当前部分）按钮。

（8）单击拉伸工具操作栏中的 ✔（完成）按钮。

（9）单击工具栏中的 ⬚（拉伸工具）按钮，打开拉伸操作面板，选中 ▢（实体）按钮，在"拉伸深度"文本框中输入 5，然后单击"放置"按钮，再单击"定义"按钮，弹出"草绘"对话框，选择上一步的拉伸上表面作为草绘平面，以 RIGHT 为"右"参照进入草绘模式，如图 2-31 所示，单击"草绘"按钮进行草绘。

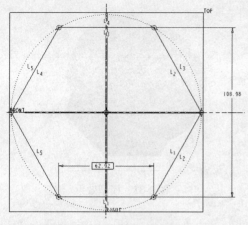

图 2-28　法向尺寸标注

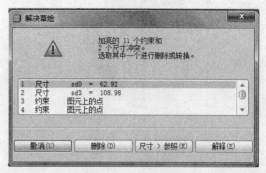

图 2-29　冲突对话框

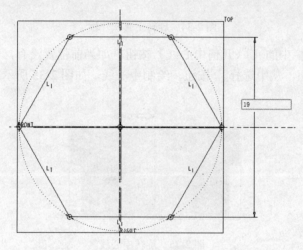

图 2-30　修改尺寸

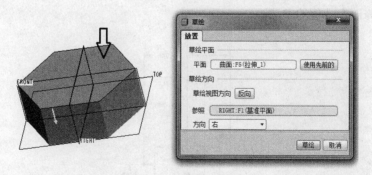

图 2-31　选择草绘平面

（10）绘制如图 2-32 所示的剖面，然后，单击 ✔（继续当前部分）按钮，单击 ✔（完成）按钮完成拉伸特征操作，其模型效果如图 2-33 所示。

（11）单击工具栏中的 ✧（旋转工具）按钮，打开旋转操作面板，选中 ▢（实体）按钮，如图 2-34 所示，然后单击"放置"按钮，单击"定义"按钮，弹出"草绘"对话框，选择 FRONT 作为草绘平面，以 RIGHT 为"右"参照进入草绘模式，单击"草绘"进行草绘。

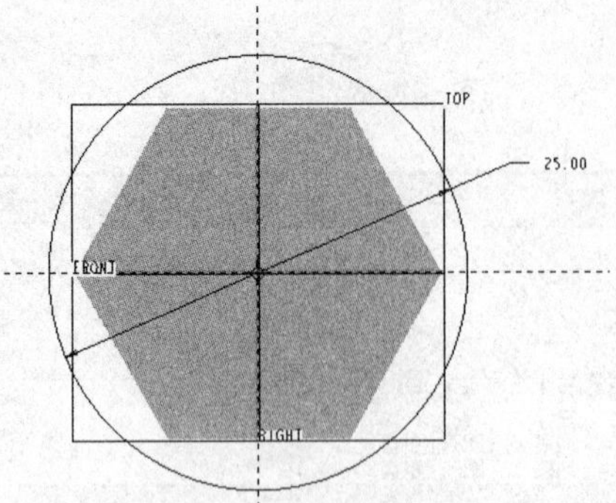

图 2-32　草绘 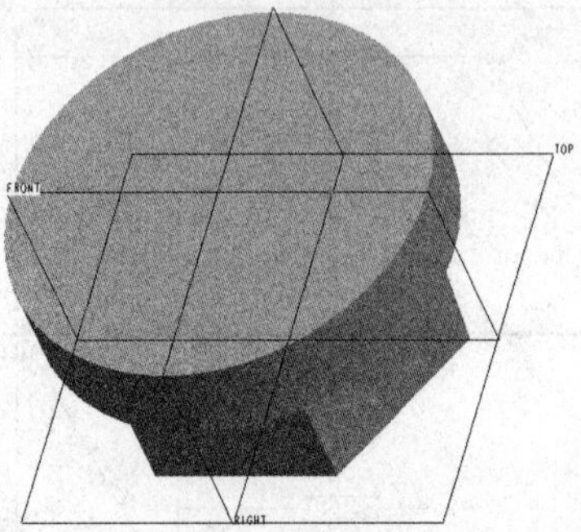　　　　　　　　　　　图 2-33　模型效果

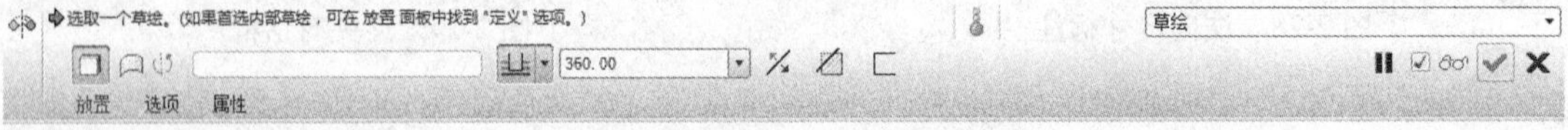

图 2-34　旋转工具操作框

（12）单击工具栏中的 ┊ （几何中心线）按钮，如当前位置没有，可以单击 ＼▸ （直线）按钮的 ▸ （展开）按钮，从中选择 ┊ 按钮，绘制中心线，如图 2-35 所示。

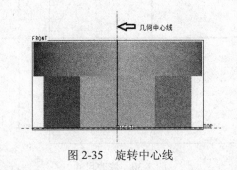

图 2-35　旋转中心线

（13）单击工具栏中的 ＼▸ （直线）按钮，绘制如图 2-36 所示的剖面，注意 ◉▸ （重合约束）的使用及修改尺寸值的方法。

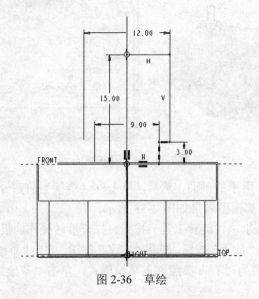

图 2-36　草绘

（14）单击工具栏中的 ✔（继续当前部分）按钮及旋转操作栏中的 ☑（完成）按钮，其模型效果如图 2-37 所示。

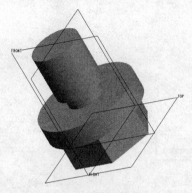

图 2-37 模型效果

（15）单击工具栏中的 ◌（倒角）按钮，在倒角操作框中选择"DxD"选项，设置倒角大小为 1，如图 2-38 所示，选择零件旋转特征上边进行倒角，如图 2-39 所示，单击操作栏中的 ☑（完成）按钮完成倒角，模型效果如图 2-40 所示。

图 2-38 倒角操作框

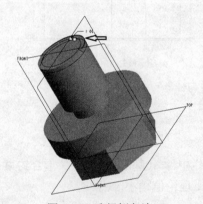

图 2-39 选择倒角边

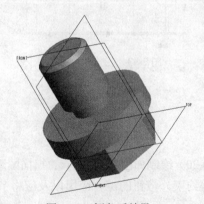

图 2-40 倒角后效果

（16）在菜单栏中选择"插入"→"螺旋扫描"→"切口"命令，如图 2-41 所示，在弹出的"属性"面板中选择默认缺省选项"常数"、"穿过轴"、"右手定则"，如图 2-42 所示，单击"完成"按钮，在弹出的平面设置框中，选择 FRONT 为基准面，在接下来出现的菜单中依次单击"确定"、"缺省"按钮，进入草绘模式。

（17）单击工具栏中的 ⋮（中心线）按钮，绘制中心线，如图 2-43 所示。

（18）单击工具栏中的 ＼（直线）按钮，绘制直线，如图 2-44 所示，然后单击 ✔（继续当前部分）按钮。

（19）在跳出的"节距"文本框中输入节距值为 1.75，如图 2-45 所示，单击 ☑（接受）按钮完成输入。

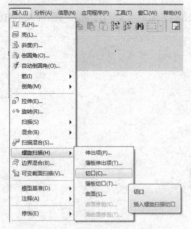

图 2-41　"螺旋扫描菜"单命令

图 2-42　"切剪：螺旋扫描"对话框

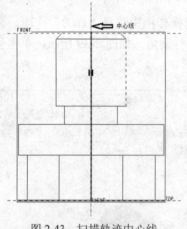

图 2-43　扫描轨迹中心线

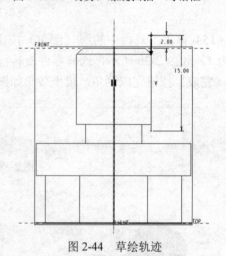

图 2-44　草绘轨迹

图 2-45　节距框

（20）绘制如图 2-46 所示的扫描图形，注意工具栏中 × （基准点）、⊙ （重合约束）、= （相等约束）按钮的综合应用以及应将节距值设置的比理论值稍小一点。

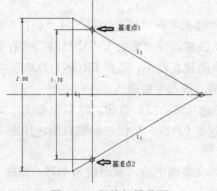

图 2-46　螺旋扫描截面

（21）在"切剪:螺旋扫描"对话框中单击"确定"按钮，其模型效果如图 2-47 所示。

图 2-47 零件效果

（22）单击工具栏中的 ▢ （保存）按钮保存文件。

2.1.3 油标尺设计

本节重点：旋转特征的操作；草绘命令的操作；几何约束的操作；工程特征倒角的操作；螺旋扫描命令的操作；草绘能力的强化。

油标尺零件，如图 2-48 所示，其建模的基本流程如下：

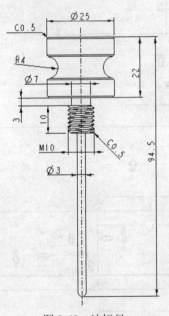

图 2-48 油标尺

（1）启动 Pro/E 软件，设置工作目录，单击 ▢ （创建新对象）按钮，打开"新建"对话框。在"类型"中选"零件"单选项，在"子类型"中选"实体"单选项，输入文件名为 biansuqi03，取消勾选"使用缺省模板"复选框，在打开的"新文件选项"对话框中选中"mmns_part_solid"选项，单击"确定"按钮，进入零件设计界面。

（2）单击工具栏中的 ⬦ （旋转工具）按钮，打开旋转操作面板，选中 ▢ （实体）按钮，然后单击"放置"按钮，再单击"定义"按钮，弹出"草绘"对话框，选择 FRONT 作为草绘平面，以 RIGHT 为"右"参照进入草绘模式，单击"草绘"按钮进行草绘。

（3）绘制如图 2-49 所示的图形。

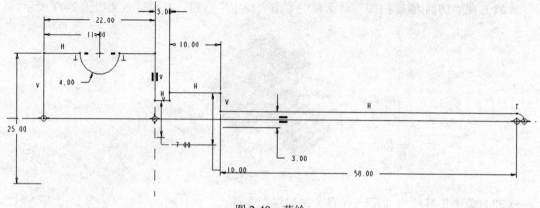

图 2-49 草绘

绘图步骤如表 2-1 所示。

表 2-1 草绘步骤

序号	命令符号	图形状态	备注
1	⦂	PRT_CSYS_DEF	绘制几何中心线
2	╱		绘制直线
3	◠		绘制前端圆弧
4	╲	PRT_CSYS_DEF	绘制直线
5	◠	PRT_CSYS_DEF	绘制小端部圆弧
6	╲	PRT_CSYS_DEF	绘制封闭直线
7	▸	修改尺寸值如图 2-49 所示	

（4）单击工具栏中的 ✔（继续当前部分）按钮及旋转操作栏中的 ☑（完成）按钮。

（5）单击工具栏中的 ◥（倒角）按钮，在倒角操作框中选择"DxD"及输入倒角大小为 0.5，选择零件旋转特征上边进行倒角，如图 2-50 所示，操作栏中的 ☑（完成）。

（6）在菜单栏中选择"插入"→"螺旋扫描"→"切口"命令，在弹出的"属性"面板中默认缺省选项"常数"、"穿过轴"、"右手定则"，单击"完成"按钮，在弹出的平面设置框中选择 FRONT 为基准面，在接下来出现的菜单中单击"确定"、"缺省"按钮，进入草绘模式。

（7）单击工具栏中的 ┆┠（中心线）按钮，先绘制中心线，再绘制直线，绘制如图 2-51 所示的图形，单击 ✔（继续当前部分）按钮完成绘制。

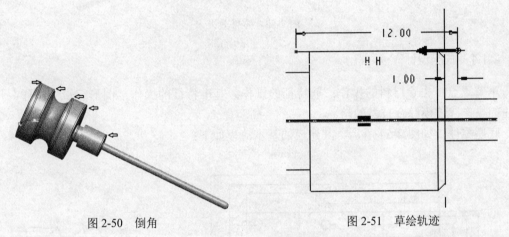

图 2-50　倒角　　　　　　　　　　　　　　图 2-51　草绘轨迹

（8）在跳出的节距文本框中输入 1.5，单击 ☑（接受）按钮，绘制如图 2-52 所示的扫描图形。

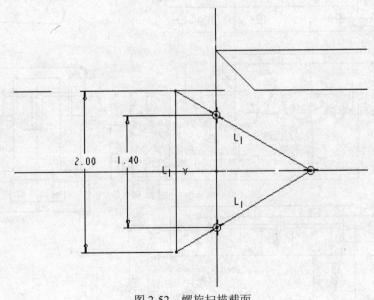

图 2-52　螺旋扫描截面

（9）在"切剪:螺旋扫描"对话框中单击"确定"按钮，模型效果如图 2-53 所示。

（10）保存文件。

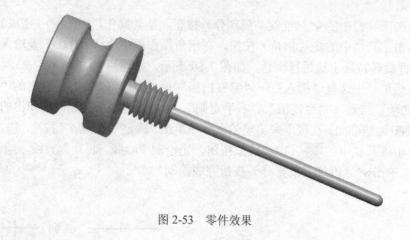

图 2-53　零件效果

2.1.4　底座设计

本节重点：去除材料的操作；筋特征的操作；基准特征的操作；图形编辑的操作；尺寸标注的操作；建模综合技能的培养。

底座零件，如图 2-54 所示，其建模的基本流程如下：

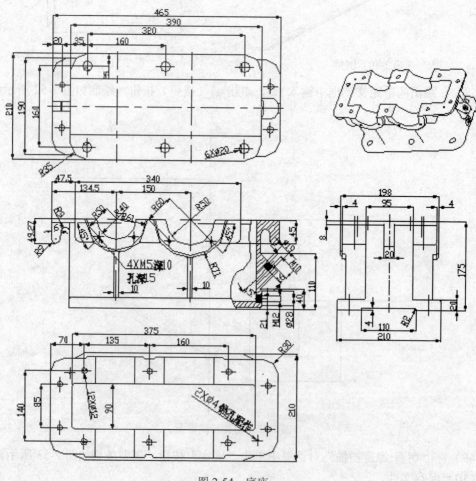

图 2-54　底座

（1）启动 Pro/E 软件，设置工作目录，单击 □（创建新对象）按钮，打开"新建"对话框。在"类型"中选"零件"单选项，在"子类型"中选"实体"单选项，输入文件名为 biansuqi04，取消勾选"使用缺省模板"复选框，在打开的"新文件选项"对话框中选中"mmns_part_solid"选项，单击"确定"按钮，进入零件设计界面。

（2）单击工具栏中的 ☑（拉伸工具）按钮，打开拉伸操作面板，选中 □（实体）按钮，在拉伸深度中输入 20，然后单击"放置"按钮，再单击"定义"按钮，弹出"草绘"对话框。选择 FRONT 基准平面作为草绘平面，以 RIGHT 为"右"参照进入草绘模式，单击 ⋮（中心线）按钮绘制中心线，绘制图形如图 2-55 所示，注意 ⁂（对称）、＝（相等）、ϙ（相切）、⊚（重合）约束的综合运用，零件效果如图 2-56 所示。

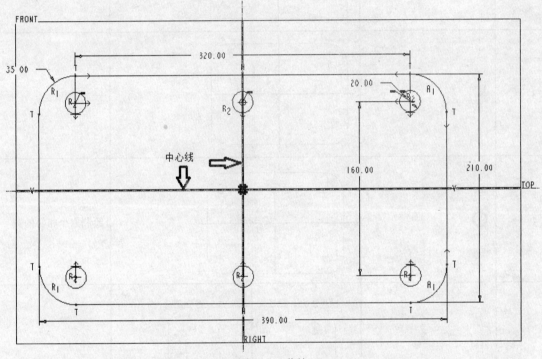

图 2-55 草绘

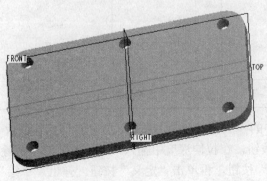

图 2-56 拉伸后效果

作图步骤如表 2-2 所示。

表 2-2　草绘步骤

序号	命令符号	图形状态	备注
1		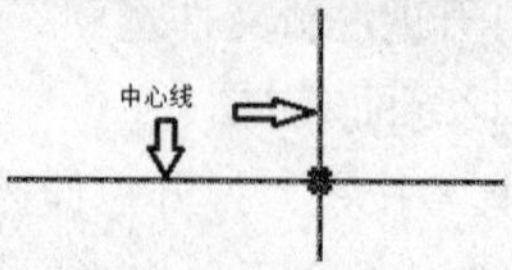 中心线	绘制两条中心线
2		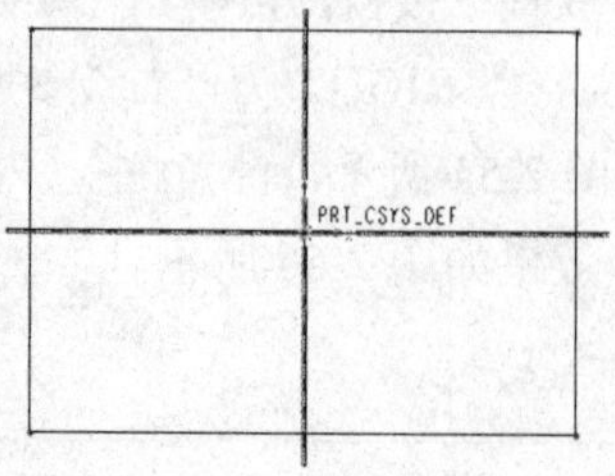 PRT_CSYS.DEF	绘制矩形
3		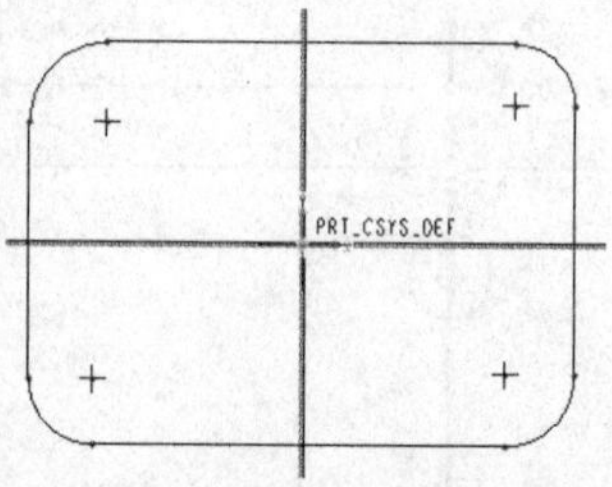 PRT_CSYS.DEF	绘制圆角
4	○	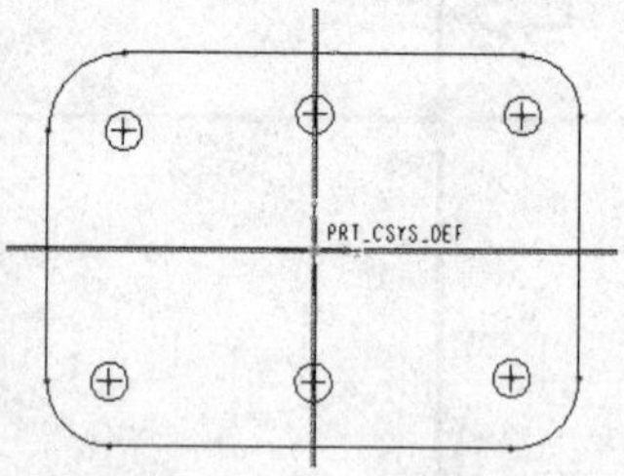 PRT_CSYS.DEF	绘制六个相等的圆
5	+¦+ 、 = 、 ◌ 、 ◉	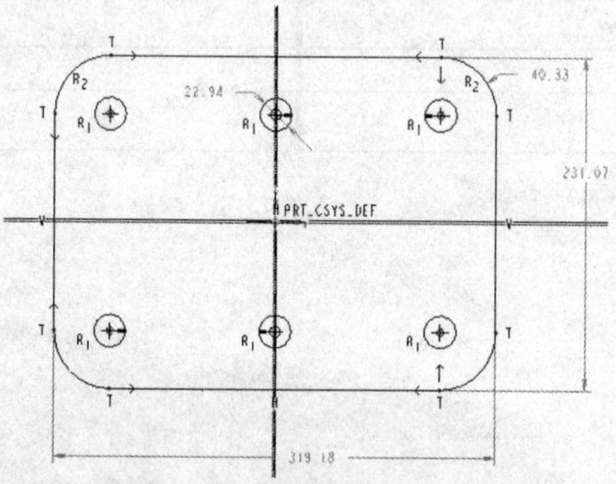 PRT_CSYS.DEF	约束综合操作
6		修改尺寸值如图 2-55 所示	

（3）单击工具栏中的 （拉伸工具）按钮，打开拉伸操作面板，选中 （实体）按钮，选择 （对称拉伸）按钮，在拉伸深度中输入 400，选择 （去除材料）按钮，如图 2-57 所示。然后单击"放置"按钮，再单击"定义"按钮，弹出"草绘"对话框，选择 RIGHT 基准平面作为草绘平面，以 TOP 基准平面作为"右"参照进入草绘模式，绘制如图 2-58 所示图形，拉伸后的效果如图 2-59 所示。

图 2-57　拉伸去除材料操作框

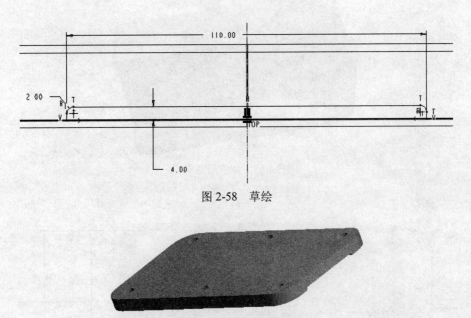

图 2-58　草绘

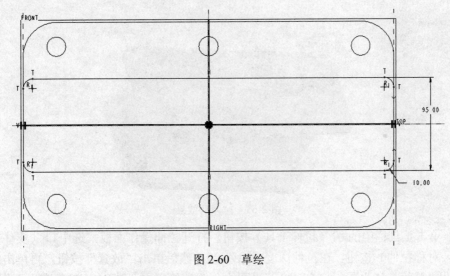

图 2-59　拉伸后效果

（4）单击工具栏中的 （拉伸工具）按钮，打开拉伸操作面板，选中 □（实体）按钮，在拉伸深度中输入 147，然后单击"放置"按钮，再单击"定义"按钮，弹出"草绘"对话框；选择"拉伸 1"的上表面作为草绘平面，以 RIGHT 基准平面作为"右"参照进入草绘模式，绘制如图 2-60 所示图形，零件效果如图 2-61 所示。

图 2-60　草绘

（5）单击工具栏中的 （拉伸工具）按钮，打开拉伸操作面板，选中 □（实体）按钮，在拉伸深度中输入 10，然后单击"放置"按钮，再单击"定义"按钮，弹出"草绘"对话框，选择上次拉伸的上表面作为草绘平面，以 RIGHT 基准平面作为"右"参照进入草绘模式，绘制如图 2-62 所示图形，拉伸后的效果如图 2-63 所示。

图 2-61　拉伸后效果

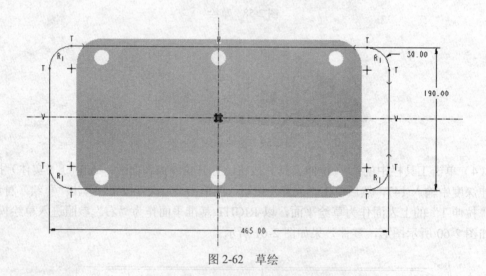

图 2-62　草绘

图 2-63　拉伸后效果

（6）单击工具栏中的□（拉伸工具）按钮，打开拉伸操作面板，选中□（实体）按钮，选择□·（对称拉伸）按钮，在拉伸深度中输入 20，然后单击"放置"按钮，再单击"定义"按钮，弹出"草绘"对话框，选择 TOP 基准平面作为草绘平面，以 RIGHT 基准平面作为"顶"参照进入草绘模式，绘制如图 2-64 所示图形，拉伸后的效果如图 2-65 所示。

作图步骤如表 2-3 所示。

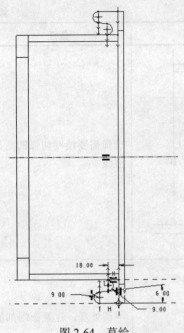

图 2-64 草绘

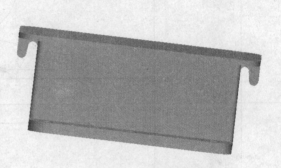

图 2-65 拉伸后效果

表 2-3 草绘步骤

序号	命令符号	图形状态	备注
1			绘制中心线
2			绘制线与圆
3			约束操作

续表

序号	命令符号	图形状态	备注
4		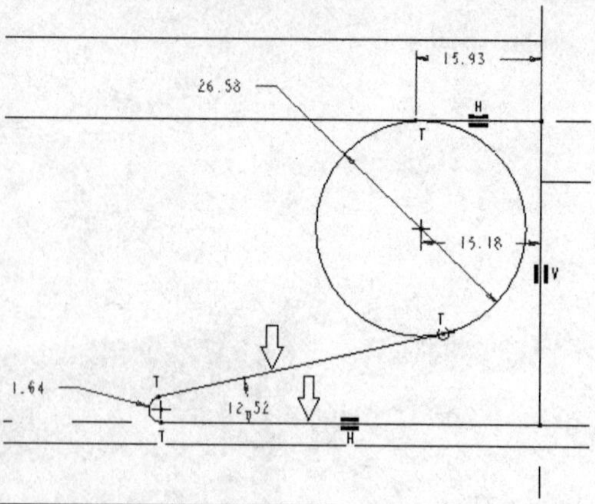	选择需要绘制切弧的两条直线
5		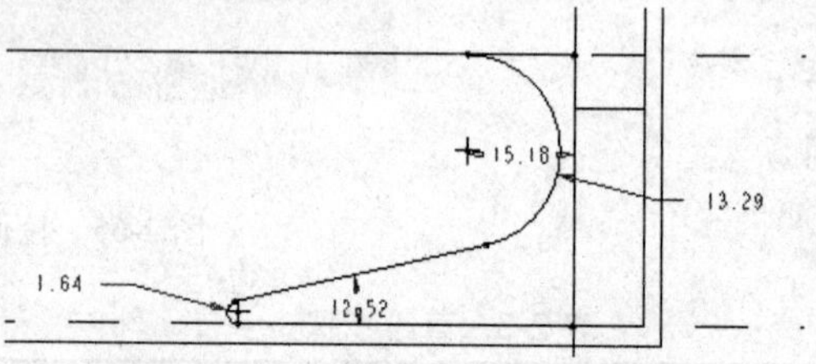	剪切处理，注意圆端部的处理
6		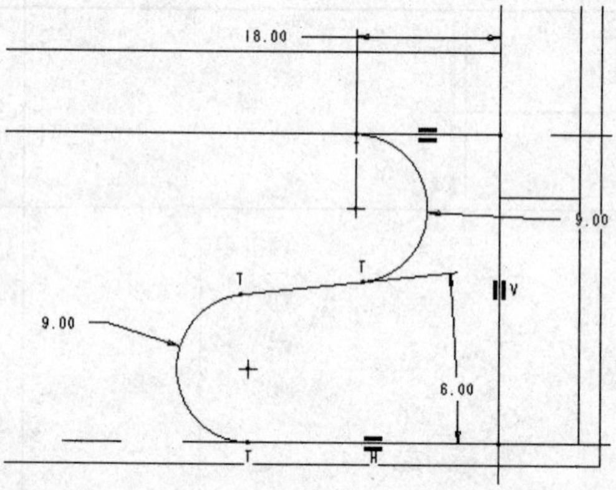	修改尺寸
7		如图 2-64 草绘	镜像操作：先框选所绘制的图形，单击镜像命令，再单击中心线

（7）单击工具栏中的 （拉伸工具）按钮，打开拉伸操作面板，选中 （实体）按钮，选择 （对称拉伸）按钮，在拉伸深度中输入 40，然后单击"放置"按钮，再单击"定义"按钮，弹出"草绘"对话框，选择 TOP 基准平面作为草绘平面，以 RIGHT 基准平面作为"左"参照进入草绘模式，绘制如图 2-66 所示图形，拉伸后的效果如图 2-67 所示。

（8）单击工具栏中的 （倒圆角）按钮，打开"集"选项卡，按住 Ctrl 键，选择上一步拉伸的两条边，如图 2-68 所示，进行"完全倒圆角"操作，模型效果如图 2-69 所示。

（9）单击工具栏中的 （倒角）按钮，在倒角操作框中选择"DxD"选项，输入倒角大小为 1，模型效果如图 2-70 所示。

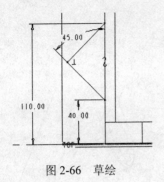

图 2-66　草绘

图 2-67　拉伸后效果

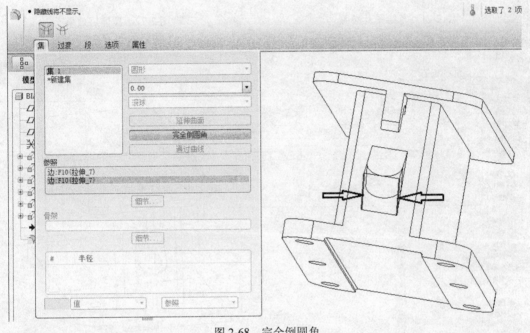

图 2-68　完全倒圆角

图 2-69　完全倒圆角效果

图 2-70　倒角效果

（10）单击工具栏中的 ❑（拉伸工具）按钮，打开拉伸操作面板，选中 ❑（实体）按钮，在拉伸深度中输入 1，选择 ❑（去除材料）按钮，然后单击"放置"按钮，再单击"定义"按钮，弹出"草绘"对话框，选择（7）中拉伸上表面作为草绘平面，缺省进入草绘模式，绘制如图 2-71 所示图形，零件效果如图 2-72 所示。

（11）单击工具栏中的 ❑（拉伸工具）按钮，打开拉伸操作面板，选中 ❑（实体）按钮，单击"选项"选项卡，两侧均选择 ❑（到选定项）选项，选定项如图 2-73 所示，然后单击"放置"按钮，再单击"定义"按钮，弹出"草绘"对话框，选择 TOP 基准平面作为草绘平面，缺省进入草绘模式，绘制如图 2-74 所示图形，零件效果如图 2-75 所示。

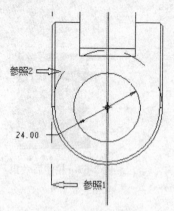

图 2-71　草绘图及参照

图 2-72　拉伸后效果

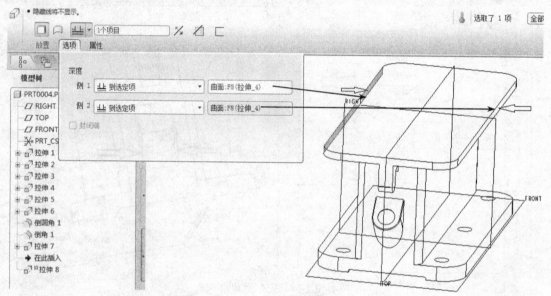

图 2-73　拉伸操作框

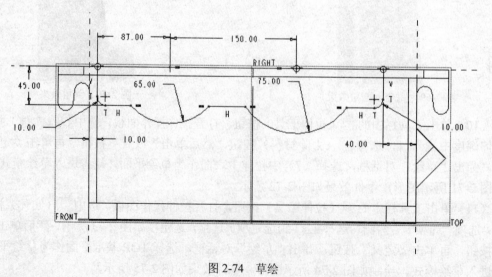

图 2-74　草绘

图 2-75　拉伸后效果

（12）单击工具栏中的 ⊡（拉伸工具）按钮，打开拉伸操作面板，选中 ⊡（实体）按钮，选择 ⊞·（对称拉伸）按钮，在拉伸深度中输入 198，然后单击"放置"按钮，再单击"定义"按钮，弹出"草绘"对话框，选择 TOP 基准平面作为草绘平面，以 RIGHT 基准平面作为"右"参照进入草绘模式，绘制如图 2-76 所示图形，零件效果如图 2-77 所示。

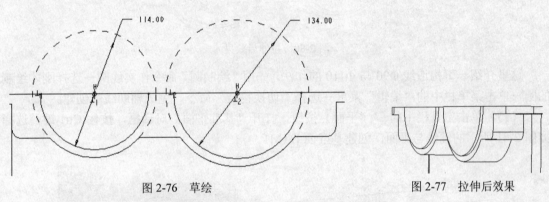

图 2-76　草绘　　　　　　　　　　　　　图 2-77　拉伸后效果

（13）单击工具栏中的 ↘（倒角）按钮，在倒角操作框中选择"DxD"选项，输入倒角大小为 4，注意倒角线应选择与基体相连的线，如图 2-78 所示。

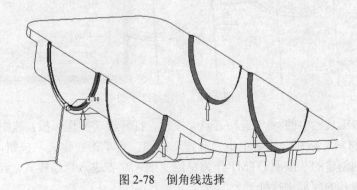

图 2-78　倒角线选择

（14）单击工具栏中的 ⊡（拉伸工具）按钮，打开拉伸操作面板，选中 ⊡（实体）按钮，在拉伸深度中输入 15，选择 ⃟（去除材料）按钮，然后单击"放置"按钮，再单击"定义"按钮，弹出"草绘"对话框，选择步骤（12）中的拉伸表面作为草绘平面，缺省进入草绘模式，绘制如图 2-79 所示图形，完成拉伸后零件效果如图 2-80 所示。

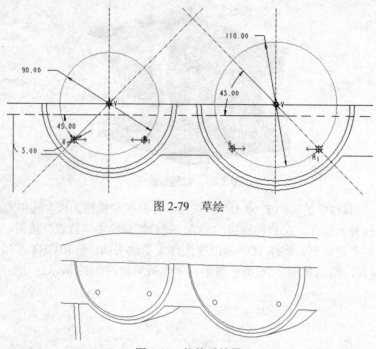

图 2-79 草绘

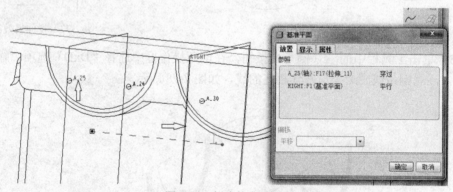

图 2-80 拉伸后效果

这里介绍一下构造线 Φ90 与 Φ110 的作法，先用"绘制圆"命令作实线圆→选择刚才绘制的圆→单击菜单栏中的"编辑"菜单→选择"切换构造"命令，完成辅助线的创建。

（15）单击工具栏中的 ▱（平面）按钮，打开"基准平面"对话框，按住 Ctrl 键，选择如图 2-81 所示的轴线与平面，创建基准面 DTM1。

（16）单击工具栏中的 ✦（旋转工具）按钮，打开旋转操作面板，选中 ▢（实体）按钮，选择 ▱（去除材料）按钮，然后单击"放置"按钮，再单击"定义"按钮，弹出"草绘"对话框，选择刚刚创建的基准面 DTM1 作为草绘平面，缺省进入草绘模式，绘制如图 2-82 所示的图形，对拉伸孔的底部进行处理。

（17）在菜单栏中选择"插入"→"螺旋扫描"→"切口"命令，在弹出的"属性"面板中默认缺省选项"常数"、"穿过轴"、"右手定则"，单击"完成"扫钮，在弹出的平面设置框中选择刚才创建的 DTM1 基准面，在接下来出现的菜单中单击"确定"、"缺省"按钮，进入草绘模式。

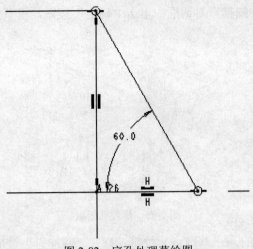

图 2-82　底孔处理草绘图

（18）单击工具栏中的 ▐ ▶（中心线）按钮，先绘制中心线，再绘制直线，如图 2-83 所示，然后单击 ✔（继续当前部分）按钮。

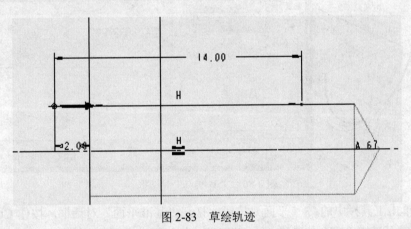

图 2-83　草绘轨迹

（19）在跳出的节距文本框中输入 0.8，单击 ☑（接受）按钮，然后绘制如图 2-84 所示的扫描图形。

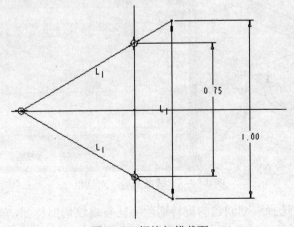

图 2-84　螺旋扫描截面

（20）在"切剪:螺旋扫描"对话框中单击"确定"按钮，模型效果如图 2-85 所示。

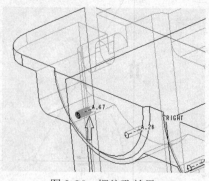

图 2-85　螺纹孔效果

（21）单击工具栏中的 [×]_×（基准点）按钮，打开"基准点"对话框，创建如图 2-86 所示的基准点 PNT0。

图 2-86　"基准点"对话框

（22）单击工具栏中的 ▱（平面）按钮，打开"基准平面"对话框，按住 Ctrl 键选择如图 2-87 所示的基准点 PNT0 与基准平面 RIGHT，创建基准面 DTM2。

图 2-87　"基准平面"对话框

（23）按住 Ctrl 键选择刚刚创建的旋转切除特征与螺纹切剪特征，单击工具栏中的 ⬚⬚（镜像）按钮，选择 DTM2 作为镜像面，进行特征镜像操作后，效果如图 2-88 所示。

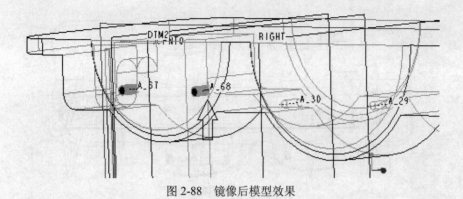

图 2-88　镜像后模型效果

（24）按照（15）至（23）的步骤创建旁边凸台的螺纹孔，效果如图 2-89 所示。

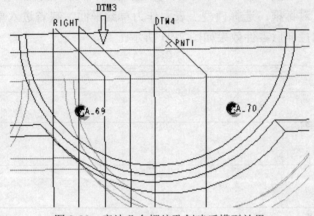

图 2-89　旁边凸台螺纹孔创建后模型效果

（25）按住 Ctrl 键选择（14）至（24）所创建的实体特征，如图 2-90 所示，单击工具栏中的 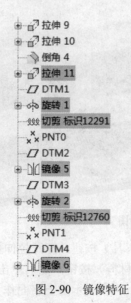（镜像）按钮，选择 TOP 基准平面作为镜像面进行特征镜像操作后，效果如图 2-91 所示。

图 2-90　镜像特征

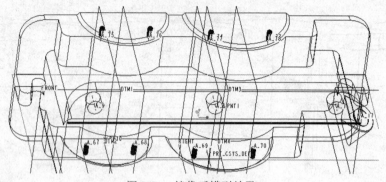

图 2-91   镜像后模型效果

（26）单击工具栏中的 ⬚（拉伸工具）按钮，打开拉伸操作面板，选中 ▣（实体）按钮，在拉伸深度中输入 160，选择 ⬚（去除材料）按钮，然后单击"放置"按钮，再单击"定义"按钮，弹出"草绘"对话框，选择模型上表面作为草绘平面，缺省进入草绘模式，绘制如图 2-92 所示图形，完成拉伸后零件效果如图 2-93 所示。

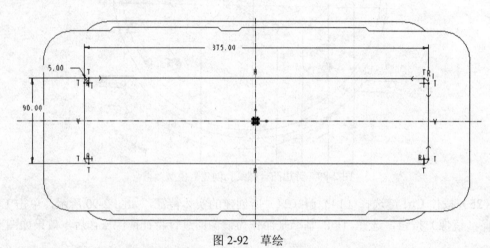

图 2-92   草绘

图 2-93   模型效果

（27）单击工具栏中的 ⬚（拉伸工具）按钮，打开拉伸操作面板，选中 ▣（实体）按钮，在拉伸深度中输入 50，选择 ⬚（去除材料）按钮，然后单击"放置"按钮，再单击"定义"按钮，弹出"草绘"对话框，选择如图 2-94 所示的上表面作为草绘平面，缺省进入草绘模式，绘制如图 2-95 所示图形，完成拉伸后零件效果如图 2-96 所示。

（28）在菜单栏中选择"插入"→"螺旋扫描"→"切口"命令，在弹出的"属性"面板中默认缺省选项"常数"、"穿过轴"、"右手定则"选项，单击"完成"按钮，在弹出的平面设置框中选择 TOP 基准面作为草绘平面。在接下来出现的菜单中选择"确定"、"缺省"按钮，进入草绘模式，绘制如图 2-97 所示的扫描轨迹图形，在跳出的节距文本框中输入 1.5，螺纹扫描截面是如图 2-98 所示的扫描图形，螺纹切剪完成后的效果如图 2-99 所示。

图 2-94　草绘平面

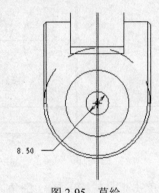

图 2-95　草绘

图 2-96　模型效果

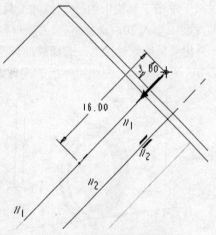

图 2-97　螺纹切剪扫描轨迹

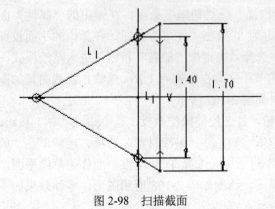

图 2-98　扫描截面

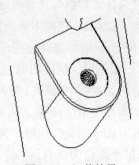

图 2-99　切剪效果

（29）单击工具栏中的 （拉伸工具）按钮，打开拉伸操作面板，选中 （实体）按钮，在拉伸深度中输入 4，然后单击"放置"按钮，再单击"定义"按钮，弹出"草绘"对话框，选择模型侧外表面作为草绘平面，缺省进入草绘模式，绘制如图 2-100 所示图形，零件效果如图 2-101 所示。

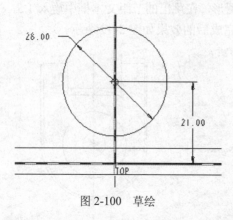

图 2-100 草绘

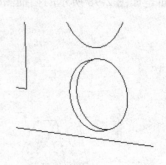

图 2-101 拉伸后效果

（30）单击工具栏中的 （倒角）按钮，在倒角操作框中选择"DxD"选项，输入倒角大小为 4，选择如图 2-102 所示的放油孔凸台底边线进行倒角。

（31）单击工具栏中的 （拉伸工具）按钮，打开拉伸操作面板，选中 （实体）按钮，在拉伸深度中输入 20，选择 （去除材料）按钮，然后单击"放置"按钮，再单击"定义"按钮，弹出"草绘"对话框，选择放油孔凸台上表面作为草绘平面，缺省进入草绘模式，绘制如图 2-103 所示图形，完成拉伸后的零件效果如图 2-104 所示。

图 2-102 倒角

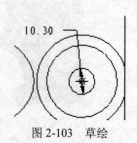

图 2-103 草绘

（32）在菜单栏中选择"插入"→"螺旋扫描"→"切口"命令，在弹出的"属性"面板中默认缺省选项"常数"、"穿过轴"、"右手定则"，单击"完成"按钮，在弹出的平面设置框中选择 TOP 基准面，在接下来出现的菜单中选择"确定"、"缺省"按钮，进入草绘模式，绘制如图 2-105 所示的扫描轨迹图形，在弹出的节距文本框中输入 1.75，螺纹扫描截面是如图 2-106 所示的扫描图形，螺纹切剪完成后的效果如图 2-107 所示。

（33）单击工具栏中的 （拉伸工具）按钮，打开拉伸操作面板，选中 （实体）按钮，在拉伸深度"选项"中选择 （两侧穿透）选项，选择 （去除材料）选项，然后单击"放置"按钮，再单击"定义"按钮，弹出"草绘"对话框，选择 TOP 基准平面作为草绘平面，以 RIGHT 基准平面作为"右"参照进入草绘模式，绘制如图 2-108 所示图形，零件效果如图 2-109 所示。

图 2-104 拉伸后效果

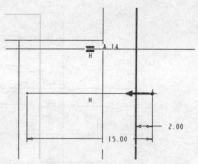

图 2-105 放油孔螺纹切剪扫描轨迹

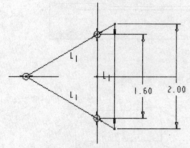

图 2-106 放油孔螺纹扫描截面

图 2-107 放油螺纹孔

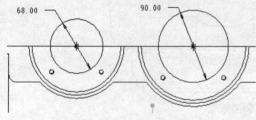

图 2-108 草绘图形

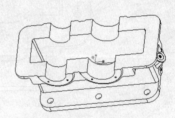

图 2-109 模型效果

（34）单击工具栏中的 ⬚（拉伸工具）按钮，打开拉伸操作面板，选中 ▢（实体）按钮，在拉伸深度"选项"中选择 ⬚（拉伸至指定项）选项，如图 2-110 所示，选择 ⬚（去除材料）选项，然后单击"放置"按钮，单击"定义"按钮，弹出"草绘"对话框，选择模型上表面作为草绘平面，以 RIGHT 基准平面作为"右"参照进入草绘模式，绘制如图 2-111 所示图形，零件效果如图 2-112 所示。

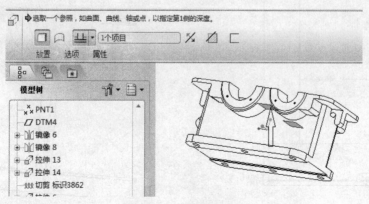

图 2-110 拉伸至指定项

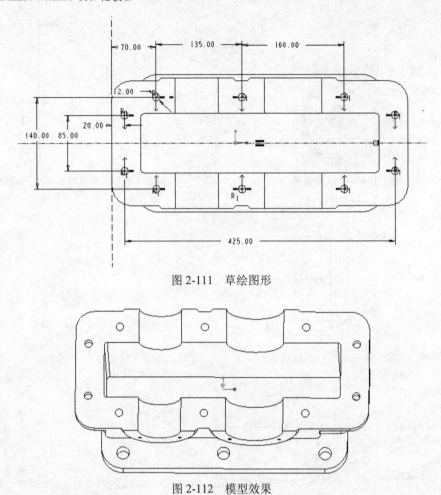

图 2-111　草绘图形

图 2-112　模型效果

（35）单击工具栏中的 △▸（轮廓筋）按钮，在"筋厚度"文本框中输入 10，然后单击"参照"按钮，单击"定义"按钮，弹出"草绘"对话框，选择模型 DTM4 作为草绘平面，以 TOP 基准平面作为"右"参照进入草绘模式，绘制如图 2-113 所示图形，注意图形为开放图形，零件效果如图 2-114 所示。

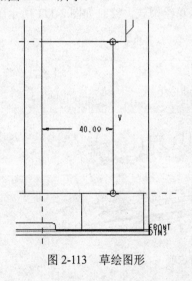

图 2-113　草绘图形

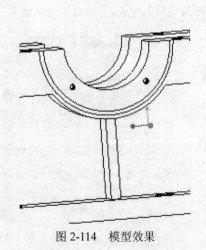

图 2-114　模型效果

（36）单击工具栏中的⬠ ·（轮廓筋）按钮，在"筋厚度"文本框中输入 10，然后单击"参照"按钮，单击"定义"按钮，弹出"草绘"对话框，选择模型 DTM2 作为草绘平面，以 TOP 基准平面作为"右"参照进入草绘模式，绘制如图 2-115 所示图形，零件效果如图 2-116 所示。

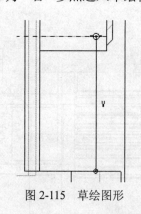

图 2-115　草绘图形

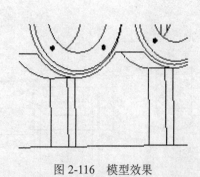

图 2-116　模型效果

（37）参照（8）中的步骤分别对两个轮廓筋进行"完全倒圆角"操作，模型效果如图 2-117 所示。

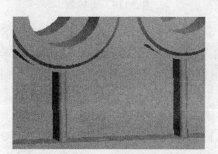

图 2-117　圆角效果

（38）按住 Ctrl 键选择"轮廓筋"与"圆角"特征，单击工具栏中的⯈⯇（镜像）按钮，选择 TOP 基准平面作为镜像面进行特征镜像操作，效果如图 2-118 所示。

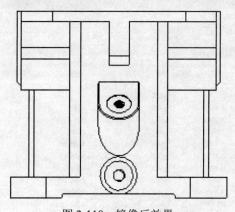

图 2-118　镜像后效果

（39）单击工具栏中的⟋（倒圆角）按钮，圆角半径为 2，对模型进行修饰。

（40）两个配合的锥销孔将在组件装配一节进行创建，此处就不利用旋转特征来创建了。

（41）保存文件。

2.1.5　齿轮轴设计

本节重点：标准直齿渐开线齿轮的建模；参数化建模技能的培养。

齿轮轴零件，如图 2-119 所示，建模的基本流程如下：

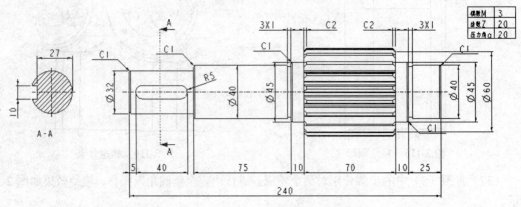

图 2-119　齿轮轴

（1）启动 Pro/E 软件，设置工作目录，单击 □（创建新对象）按钮，打开"新建"对话框。在"类型"中选择"零件"单选项，在"子类型"中选择"实体"单选项，输入文件名为 biansuqi16，取消勾选"使用缺省模板"复选框，在打开的"新文件选项"对话框中选中 mmns_part_solid 选项，单击"确定"按钮，进入零件设计界面。

（2）在菜单栏中选择"工具"→"参数"命令，在弹出的"参数"对话框中单击 ➕ 按钮添加渐开线齿轮的相关参数。根据标准直齿圆柱齿轮的参数，输入"模数"、"齿数"、"压力角"、"齿顶圆系数"、"齿根圆系数"、"齿宽"的值，"齿顶圆直径"、"齿根圆直径"、"分度圆直径"、"基圆直径"的值因为可以依据相关公式计算，不用输入数值，如图 2-120 所示，单击"确定"按钮结束。

图 2-120　标准直齿圆柱齿轮的参数

（3）单击工具栏中的 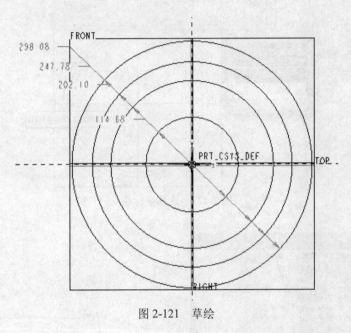（草绘工具）按钮，选择 FRONT 基准平面，以 RIGHT 基准平面作为"右"参照进入草绘模式，绘制如图 2-121 所示的四个圆，然后，在菜单栏中选择"工具"→"关系"命令，在弹出的"关系"对话框中输入如图 2-122 所示的关系式，单击"关系"对话框中的"确定"按钮，单击 ✔（继续）按钮完成草绘。

图 2-121　草绘

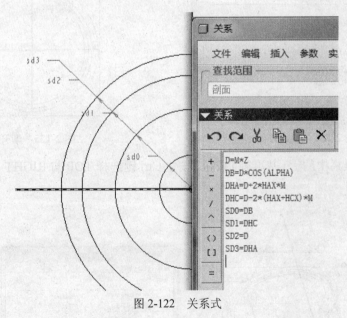

图 2-122　关系式

（4）单击工具栏中的 ∼（曲线）按钮，从弹出的对话框中选择"从方程"选项，单击"完成"按钮，在弹出的菜单管理器中选择如图 2-123 所示的坐标系，然后选择"笛卡尔坐标系"，在弹出的记事本中输入如图 2-124 所示的方程式，保存，退出，在"曲线:方程"对话框中单击"确定"按钮，效果如图 2-125 所示。

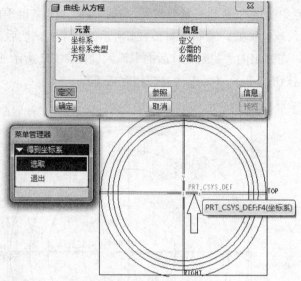

图 2-123　选择坐标系

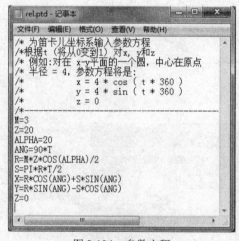

图 2-124　参数方程

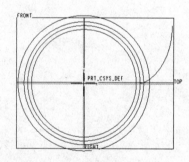

图 2-125　渐开线曲线

（5）单击工具栏中的 ∕（基准轴）按钮，按住 Ctrl 键选择 TOP 与 RIGHT 平面，如图 2-126 所示，创建基准轴。

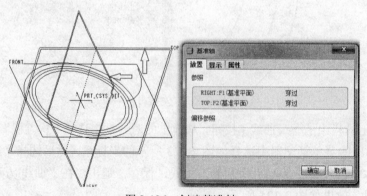

图 2-126　创建基准轴

（6）单击工具栏中的 $\overset{\times}{\times}$（基准点）按钮，按住 **Ctrl** 键选择如图 2-127 所示曲线，创建基准点。

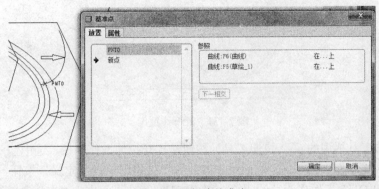

图 2-127　创建基准点

（7）单击工具栏中的 $\square$（平面）按钮，按住 **Ctrl** 键选择步骤（4）与（5）所创建的基准轴与基准点，如图 2-128 所示，创建基准面 DTM1。

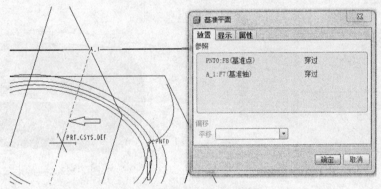

图 2-128　创建基准平面 DTM1

（8）单击工具栏中的 $\square$（平面）按钮，按住 **Ctrl** 键选择步骤（4）与（6）所创建的基准轴与基准面，如图 2-129 所示，在旋转角度中输入"360/(4*Z)"，在弹出的对话框中单击"是"按钮，如图 2-130 所示，创建基准面 DTM2。

图 2-129　创建基准平面 DTM2

图 2-130　特征关系提示框

（9）单击步骤（3）中创建的渐开线，然后单击工具栏中的 $\square$（镜像）按钮，选择 DTM2 作为镜像面，进行特征镜像操作后，效果如图 2-131 所示。

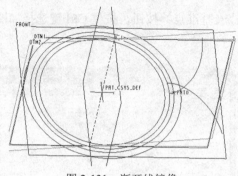

图 2-131　渐开线镜像

（10）单击工具栏中的 ⬚（拉伸工具）按钮，打开拉伸操作面板，选中 ▢（实体）按钮，在"拉伸深度"文本框中输入 8，然后单击"放置"按钮，单击"定义"按钮，弹出"草绘"对话框，选择 FRONT 表面作为草绘平面，以 RIGHT 基准平面作为"右"参照进入草绘模式。

（11）单击工具栏中的 ▢（使用）按钮，在弹出的对话框中选择"单一"单选项，单击齿根圆圆弧，如图 2-132 所示，"关闭"对话框，单击 ✔（继续）按钮与 ✓（接受）按钮，效果如图 2-133 所示。

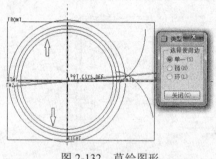

图 2-132　草绘图形

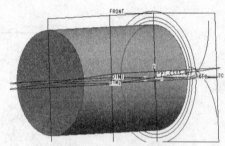

图 2-133　拉伸后效果

（12）单击工具栏中的 ⬚（拉伸工具）按钮，打开拉伸操作面板，选中 ▢（实体）按钮，在"拉伸深度"文本框中输入 8，然后单击"放置"按钮，单击"定义"按钮，弹出"草绘"对话框，选择 FRONT 表面作为草绘平面，以 RIGHT 基准平面作为"右"参照进入草绘模式，绘制如图 2-134 所示图形，零件效果如图 2-135 所示。

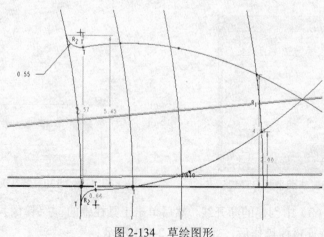

图 2-134　草绘图形

图 2-135   模型效果

绘图步骤如表 2-4 所示。

表 2-4   草绘步骤

序号	命令符号	图形状态	备注
1			使用边命令
2			作切弧
3			修改半径值

续表

序号	命令符号	图形状态	备注
4	↖、Del	框选 A 处，删除 符号	
5	鼠标中键、		局部放大 A 处；修剪箭头所指边
6	↖、Del	框选 B 处，删除 符号	
7	鼠标中键、		局部放大 B 处；修剪箭头所指边
8	✔		完成草绘

（13）选择上一步拉伸特征，单击工具栏中的 ▦（阵列）按钮，在阵列操作面板中选择"轴"选项，选择步骤（4）创建的轴 A1 作为阵列轴，360°阵列 20 个，如图 2-136 所示，效果如图 2-137 所示。

图 2-136　阵列操作框

（14）单击工具栏中的 ❖（旋转工具）按钮，打开旋转操作面板，选中 □（实体）按钮，选择 ⬭（去除材料）按钮，然后单击"放置"按钮，单击"定义"按钮，弹出"草绘"对话框，选择 RIGHT 基准面作为草绘平面，以 TOP 基准面作为"顶"参照进入草绘模式，绘制如

图 2-138 所示的图形,对轮齿进行倒角,效果如图 2-139 所示。

图 2-137 模型效果

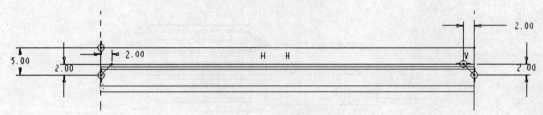

图 2-138 轮齿倒角草绘图

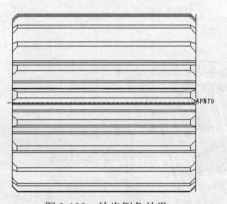

图 2-139 轮齿倒角效果

(15)单击工具栏中的 ✈ (旋转工具)按钮,打开旋转操作面板,选中 ☐ (实体)按钮,然后单击"放置"按钮,单击"定义"按钮,弹出"草绘"对话框,选择 RIGHT 基准面作为草绘平面,以 TOP 基准面作为"顶"参照进入草绘模式,绘制如图 2-140 所示的图形,对轮齿进行倒角,效果如图 2-141 所示。

(16)单击工具栏中的 ◥ (倒角)按钮,在倒角操作框中选择"DxD"选项,输入倒角大小为 1,对轴台肩进行倒角。

(17)单击工具栏中的 ▱ (平面)按钮,创建如图 2-142 所示的基准面 DTM3。

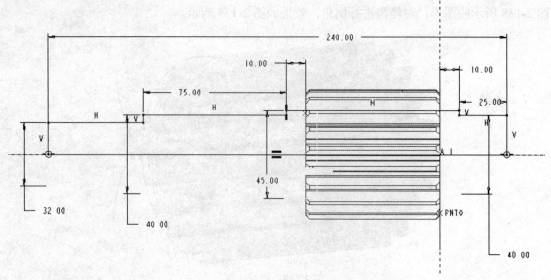

图 2-140 轮齿倒角效果

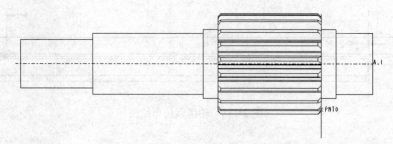

图 2-141 齿轮轴效果

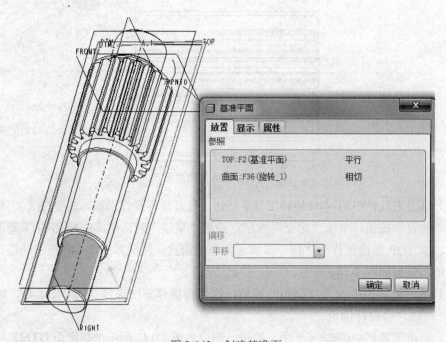

图 2-142 创建基准面

（18）单击工具栏中的 ◻（平面）按钮，创建与基准面 DTM3 偏移 5，如图 2-143 所示的基准面 DTM4。

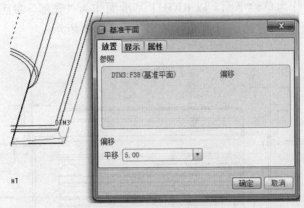

图 2-143 创建基准面

（19）单击工具栏中的 ☞（拉伸工具）按钮，打开拉伸操作面板，选中 ◻（实体）按钮，在拉伸深度中选择 ▆▆（穿透）选项，选择 ◿（去除材料）选项，然后单击"放置"按钮，单击"定义"按钮，弹出"草绘"对话框，选择 DTM4 基准面作为草绘平面，缺省进入草绘模式，绘制如图 2-144 所示图形，零件效果如图 2-145 所示。

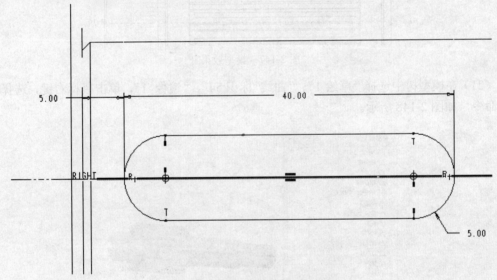

图 2-144 草绘图形

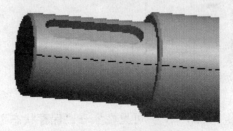

图 2-145 模型效果

（20）单击工具栏中的 ⊕ （旋转工具）按钮，打开旋转操作面板，选中 □ （实体）按钮，选择 ◿ （去除材料）按钮，然后单击"放置"按钮，单击"定义"按钮，弹出"草绘"对话框，选择 TOP 基准面作为草绘平面，以 RIGHT 基准面作为"底部"参照进入草绘模式，绘制如图 2-146 所示的图形，对轮齿进行倒角，效果如图 2-147 所示。

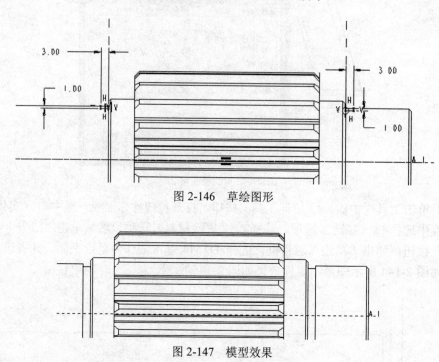

图 2-146　草绘图形

图 2-147　模型效果

（21）在模型树中选择"草绘 1"、"曲线 标识 54"、"镜像 1"，单击鼠标右键，选择"隐藏"命令，如图 2-148 所示。

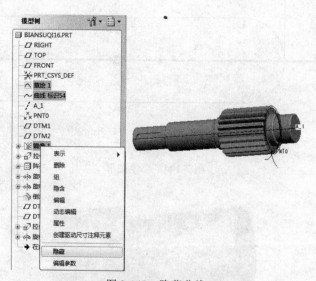

图 2-148　隐藏曲线

（22）单击菜单栏中的"视图"→"可见性"→"保存状态"命令，保存视图状态。

（23）保存文件。

2.2　变速器零件组件设计

Pro/E 的设计功能很强大，有一个专门的组件设计模块。在本章中，将重点介绍组件设计模块的基本操作及设计方法。主要内容包括：约束装配、在组件中创建零件特征、在组件中创建新零件、查看装配零件之间的干涉情况等。

2.2.1　主动轴轴承组件设计

本节重点：Pro/E 组件设计模块的功能；已建模的零件装配成组件的操作。

轴承为标准件，由一些小的零件组装而成。本节以主动轴轴承型号为 6008 的零件为例，实现中轴承零件的尺寸与标准件可能有微小的出入，如需具体精确的尺寸请查阅相关标准件手册。主动轴轴承组件，如图 2-149 所示，建模的基本流程如下：

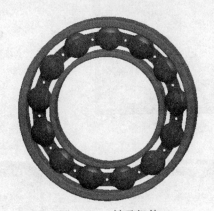

图 2-149　轴承组件

（1）启动 Pro/E 软件，设置工作目录为"CH2_BSQ33"文件夹（可从本书配套资料中拷出、从网站下载或自建类似模型），单击 □（创建新对象）按钮，打开"新建"对话框，如图 2-150 所示。在"类型"中选"组件"单选项，在"子类型"中选择"设计"单选项，输入文件名为 biansuqi33，取消勾选"使用缺省模板"复选框，在打开的"新文件选项"对话框中选中 mmns_asm_design，如图 2-151 所示，单击"确定"按钮，进入组件设计界面。

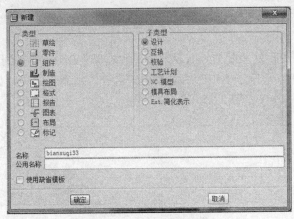

图 2-150　"新建"对话框

（2）单击模型树旁边的 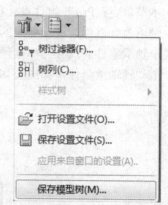（设置）按钮，在打开的菜单中选择"树过滤器"选项，如图 2-152 所示，在弹出的对话框中选中"特征"复选框，如图 2-153 所示，然后单击"确定"按钮，这样就可以在组件中显示特征了。

图 2-151   "新文件选项"对话框

图 2-152   组件"树过滤器"命令

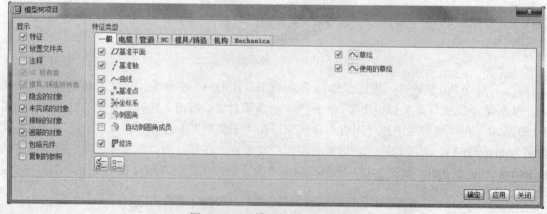

图 2-153   "模型树项目"对话框

（3）单击工具栏中的 （装配）按钮，从"CH2_BSQ33"文件夹中找到文件 biansuqi33_1.prt，单击"打开"按钮，在放置操作板中的约束类型中选择"缺省"选项，如图 2-154 所示，然后单击 ☑（接受）按钮，效果如图 2-155 所示。

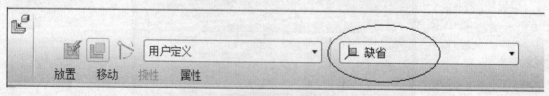

图 2-154   选择"缺省"

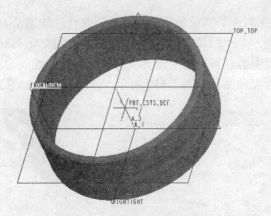

图 2-155 "缺省"装配效果

（4）单击工具栏中的 （装配）按钮，从"CH2_BSQ33"文件夹中找到文件 biansuqi33_3.prt，单击"打开"按钮，在放置操作板中的约束类型中选择"插入"选项，选取轴承内圈外表面与保持架的内表面进行"插入"约束参照，如图 2-156 所示。

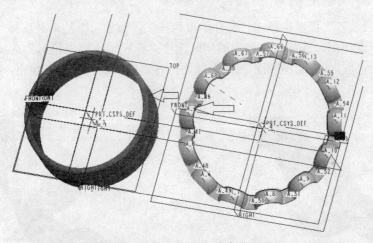

图 2-156 "插入"约束参照

（5）单击"放置"面板，单击"新建约束"，添加一个约束并选择"配对"选项，选取轴承内圈的 TOP 平面与保持架的 TOP 平面进行"配对"约束参照，并选择偏移类型为 （重合），如图 2-157 所示，然后单击 （接受）按钮。

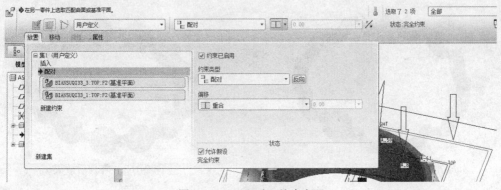

图 2-157 "配对"约束参照

（6）在模型树上隐藏组件基准面及第一个装入的零件，如图 2-158 所示，然后，单击工具栏中的 (装配) 按钮，从 "CH2_BSQ33" 文件夹中找到文件 biansuqi33_4.prt，单击 "打开" 按钮，在放置操作板中的约束类型中选择 "对齐" 选项，选取滚珠 A_1 轴线与保持架的 A_5 轴线进行 "对齐" 约束参照，如图 2-159 所示，装配后效果如图 2-160 所示。

图 2-158　组件零件隐藏

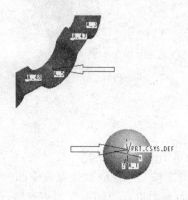

图 2-159　对齐参照

（7）单击 "放置" 面板，单击 "新建约束" 按钮，添加一个约束并选择 "相切" 选项，单击 "移动" 运动类型，选择 "平移" 的同时选中 "在视图平面内相对" 选项，选择滚珠并移动一个位置，选取如图 2-161 所示的两个球面，然后单击 (接受) 按钮，效果如图 2-162 所示。

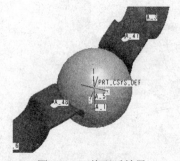

图 2-160　装配后效果

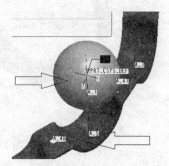

图 2-161　相切参照

（8）在模型树中选择 biansuqi33_4 零件，单击工具栏中的 (阵列) 按钮，在阵列类型中选择 "参照" 选项，然后单击 (接受) 按钮，效果如图 2-163 所示。

图 2-162　装配后效果

图 2-163　阵列后效果

（9）单击工具栏中的 (装配) 按钮，从 "CH2_BSQ33" 文件夹中找到文件 biansuqi33_3.prt，单击"打开"按钮,在放置操作板中的约束类型中选择"对齐"选项,选取保持架的中心轴线及销孔轴线分别进行"对齐"约束参照,然后再选择保持架的上表面进行"配对"重合约束操作,如图 2-164 所示,装配后效果如图 2-165 所示。

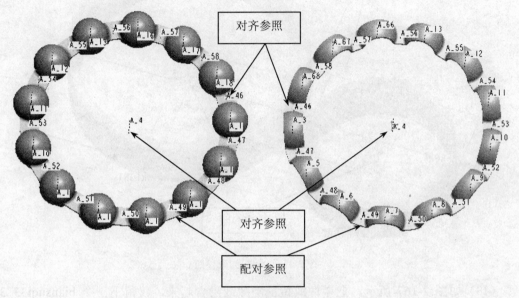

图 2-164 装配约束参照

图 2-165 装配后效果

(10) 在模型树上选择 biansuqi33_1 零件,单击鼠标右键选择"取消隐藏"零件,按住 Ctrl 键选择 biansuqi33_3、阵列 1 和 biansuqi33_3 选项,单击鼠标右键选择"隐含"选项,在弹出的对话框中,单击"确定"按钮将它们隐藏起来。

(11) 单击工具栏中的 （装配)按钮,从"CH2_BSQ33"文件夹中找到文件 biansuqi33_2.prt,单击"打开"按钮,在放置操作板中的约束类型中选择"对齐"选项,选取轴承内圈与外圈的中心轴线进行"对齐"约束参照,然后再选择轴承内圈与外圈的 TOP 平面进行"配对"重合约束操作,如图 2-166 所示。

(12) 单击菜单栏中的"编辑"→"恢复"→"恢复上一个集"命令,将上次隐含的零件恢复。

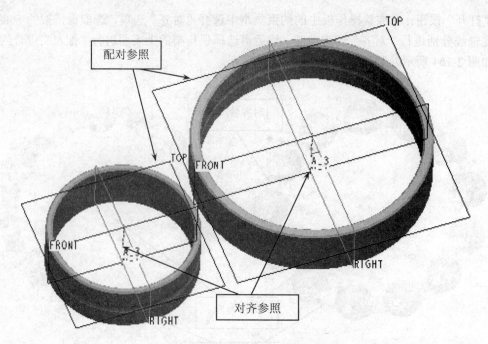

图 2-166　装配约束参照

（13）如图 2-167 所示，把零件或特征隐藏或隐含起来，仅留下一个 biansuqi33_3 零件显示。

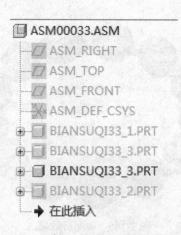

图 2-167　隐藏隐含零件与特征

（14）单击工具栏中的 （装配）按钮，从"CH2_BSQ33"文件夹中找到文件 biansuqi33_5.prt，单击"打开"按钮，分别选择"对齐"与"配对"约束进行零件的装配，如图 2-168 所示。

（15）在模型树中选择 biansuqi33_5 零件，单击工具栏中的 （阵列）按钮，在阵列类型中选择"参照"选项，然后单击 （接受）按钮。

（16）单击菜单栏中的"编辑"→"恢复"→"恢复全部"命令，将隐含的零件全部恢复，同时把隐藏的零件取消隐藏，组件装配后的效果如图 2-169 所示。

（17）保存文件。

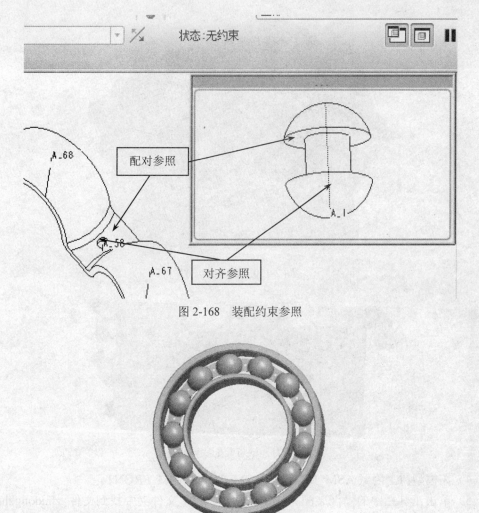

图 2-168　装配约束参照

图 2-169　轴承装配后效果

2.2.2　变速器组件设计

本节重点：Pro/E 组件设计模块的功能；重复零件的装配操作；组件下配作销孔的建模。

变速器组件，如图 2-170 所示，建模的基本流程如下：

（1）启动 Pro/E 软件，设置工作目录为 "CH2" 文件夹，可从本书配套资料（从网站下载或根据附录自建模型中拷出）。单击 ▯（创建新对象）按钮，打开 "新建" 对话框，在 "类型" 中选择 "组件" 选项，在 "子类型" 中选择 "设计" 选项，输入文件名为 biansuqi，取消勾选 "使用缺省模板" 复选框。在打开的 "新文件选项" 对话框中选中 "mmns_asm_design" 选项，单击 "确定" 按钮，进入组件设计界面。

（2）单击模型树旁边的 ⅰ·（设置）按钮，在打开的菜单中选择 "树过滤器" 选项，在弹出的对话框中选中 "特征" 选项，然后单击 "确定" 按钮，这样就可以在组件中显示特征了。

（3）单击工具栏中的 ⬚（装配）按钮，从 "CH2" 文件夹中找到文件 dizuo.asm 组件，单击 "打开" 按钮，在放置操作板中的约束类型中选择 "缺省" 选项，然后单击 ☑（接受）按钮，效果如图 2-171 所示。

图 2-170   变速器组件

图 2-171   缺省装配底座组件

（4）在模型树上隐藏 ASM_RIGHT、ASM_TOP、ASM_FRONT。

（5）单击工具栏中的 ![按钮]（装配）按钮，从 "CH2" 文件夹中找到文件 *zhudongzhou.asm* 组件，单击 "打开" 按钮，在 "用户定义" 选项卡中选择 "销钉" 选项，打开 "放置" 操作面板，如图 2-172 所示，主动轴圆柱面与底座圆柱孔面定义为 "轴对齐"；选择主动轴齿轮端面与底座 TOP 平面，偏移 35，定义 "平移" 约束，定义后效果如图 2-173 所示。

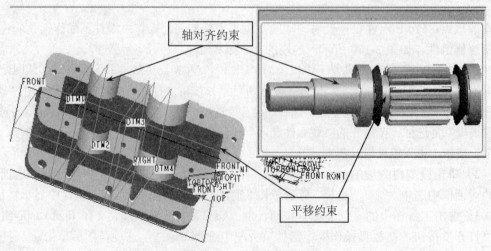

图 2-172   销钉连接定义

图 2-173 主动轴组件装配后效果

（6）单击工具栏中的 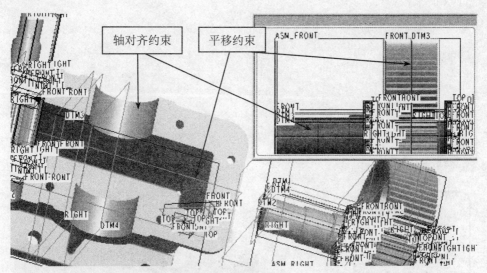（装配）按钮，从"CH2"文件夹中找到文件 congdongzhou.asm 组件，单击"打开"按钮，在"用户定义"选项卡中选择"销钉"选项，打开"放置"操作面板，如图 2-174 所示，主动轴圆柱面与底座圆柱孔面定义为"轴对齐"；选择主动轴组件中齿轮 DTM3 基准面与底座 TOP 平面，选择"重合"，单击"反向"，定义"平移"约束，定义后效果如图 2-175 所示。

图 2-174 销钉连接定义

图 2-175 从动轴组件装配后效果

（7）单击工具栏中的 （装配）按钮，从"CH2"文件夹中找到文件 shanggai.asm 组件，单击"打开"按钮，打开"放置"操作面板，上盖组件的两个孔轴线与底座圆柱孔轴线分别定义为"对齐"约束；选择上盖组件的两个表面与底座面分别"配对"重合约束，装配后效果如图 2-176 所示。

图 2-176　上盖组件装配后效果

（8）用类似的方法装配与主动轴和从动轴相关的其他零件，如图 2-177 所示，装配后效果如图 2-178 所示。

（9）保存文件。

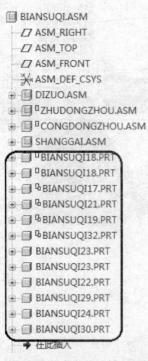

图 2-177　主、从动轴上零件

图 2-178　主、从动轴上零件装配后效果

2.2.2.1　组件下配作销孔

本节重点：组件下配作销孔的建模方法。

建模的基本流程如下：

（1）打开 biansuqi.asm 组件。

（2）单击模型树旁边的（设置）按钮，在打开的菜单中选择“树过滤器”选项，在弹出的对话框中选中“特征”选项，然后单击“确定”按钮，在组件中就会显示特征了。

（3）单击工具栏中的（孔）按钮，打开“放置”选项卡，选择上盖上平面作为草绘平面，以两个侧面作为参照，输入参照尺寸为 30，如图 2-179 所示图形，草绘面及偏移参照如图 2-180 所示；然后单击操作板上的（草绘）按钮，接着单击操作板上的（激活草绘）按钮，在弹出的窗口中绘制如图 2-181 所示图形；之后打开操作板上的“相交”选项卡，取消勾选“自动更新”复选框，在“设置显示级”中选择“零件级”，相交模型为缺省的“biansuqi04”、“biansuqi05”文件，如图 2-182 所示，然后单击（接受）按钮。

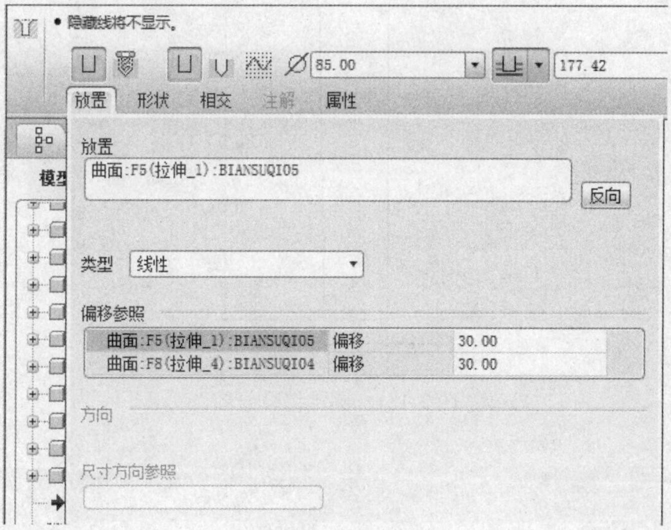

图 2-179　放置面板

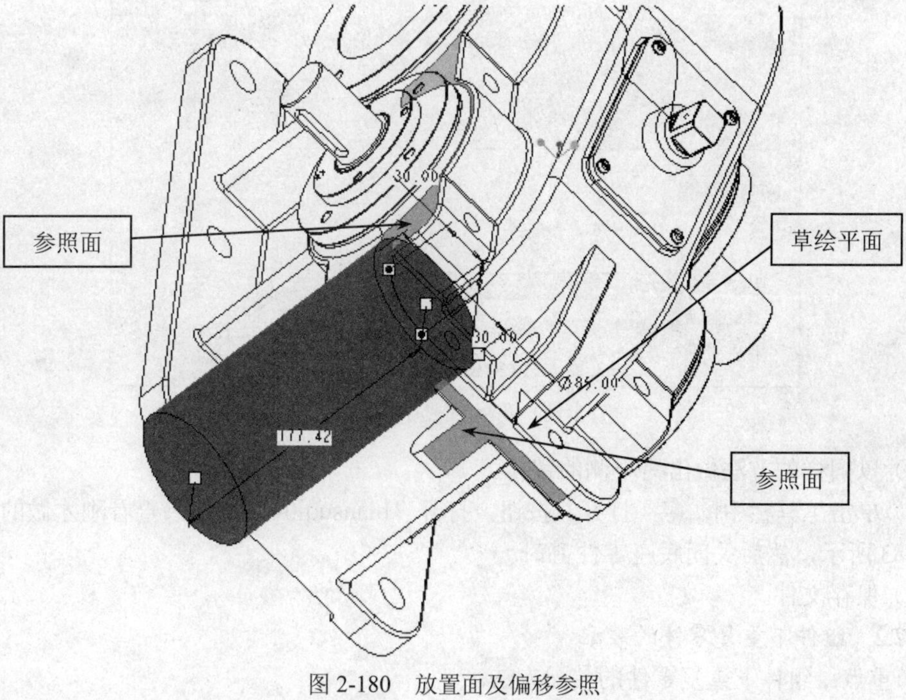

图 2-180　放置面及偏移参照

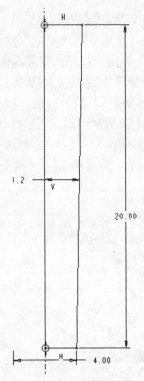

图 2-181 圆锥销草绘图

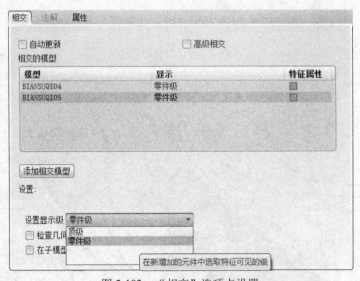

图 2-182 "相交"选项卡设置

（4）以同样的方法做出另一侧的销孔。

（5）单击工具栏中的 （打开）按钮，打开"biansuqi04"文件，查看刚才做的销钉孔，如图 2-183 所示，然后关闭底座零件窗口。

（6）保存文件。

2.2.2.2 组件下重复零件的装配

本节重点：组件下重复零件的装配方法。

建模的基本流程如下：

（1）打开 biansuqi.asm 组件。

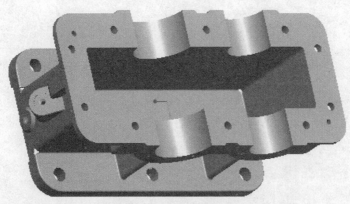

图 2-183 做出销孔的底座

（2）单击工具栏中的 （装配）按钮，从本书配套资料（可从网站下载或根据附录自建模型）中找到文件 biansuqi10.prt，单击"打开"按钮，打开"放置"操作面板，上盖螺钉孔与螺钉外圆轴面定义为"插入"约束；上盖组件上表面与镙钉头下表面分别定义为"配对"重合约束，如图 2-184 所示装入第一颗螺钉。

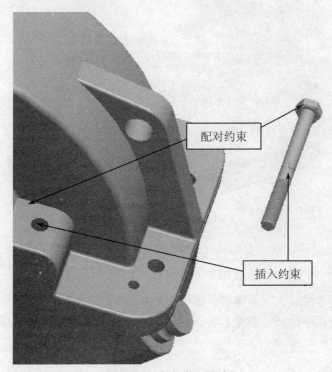

图 2-184 螺钉装配约束

（3）在模型树上选择刚刚装入的零件 biansuqi10.prt，然后在菜单栏中选择"编辑"→"重复"命令，在"可变组件参照"中选取"插入"约束，然后单击"添加"按钮，在上盖上选择对应的螺钉孔内表面，如图 2-185 所示，单击"确认"按钮，如图 2-186 所示。

图 2-185 "重复元件"对话框

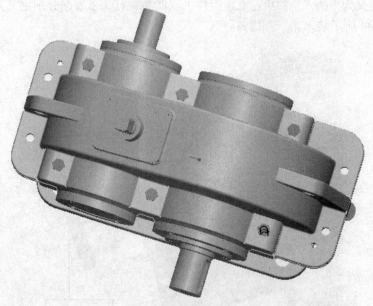

图 2-186 装配后效果图

（4）以同样的方法装入其他螺钉、螺母、垫片。

（5）单击工具栏中的（装配）按钮，装入两个 biansuqi35.prt 销钉零件。

（6）保存文件。

2.2.3 爆炸视图

本节重点：缺省爆炸视图的操作；零部件在爆炸视图中的移动；爆炸工程图的创建。

爆炸视图的主要操作如下：

（1）启动 Pro/E 软件，打开 biansuqi.asm 组件。

（2）单击菜单栏中的"视图"→"分解"→"分解视图"命令，创建缺省的爆炸视图，如图 2-187 所示。

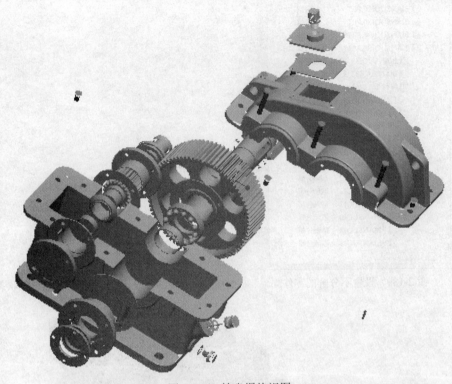

图 2-187 缺省爆炸视图

（3）单击工具栏中的 (视图管理器) 按钮，在弹出的对话框中选择"分解"→"编辑"→"切换分解状态"命令，如图 2-188 所示，用鼠标在模型树上单击不需要分解的零件（zhudongzhou.asm 中的 biansuqi33.asm 与 congdongzhou.asm 中的 biansuqi25.asm 的所有零件均设为"取消分解"），如图 2-189 所示，在菜单管理器上单击"完成"，如图 2-190 所示，完成后效果如图 2-191 所示。

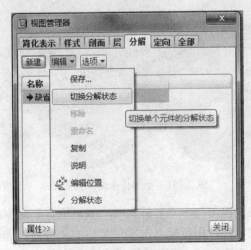

图 2-188 视图管理器

图 2-189 设置不分解的零件

图 2-190 视图管理器分解状态

图 2-191 小组件未爆炸效果图

（4）单击菜单栏中的"视图"→"分解"→"编辑位置"命令，弹出的命令操作板如图 2-192 所示，选择要移动的零件，用鼠标点击零件旁边的×按钮，选择移动方向，如选择螺钉进行移动位置操作，如图 2-193 所示。依次对位置不满意的零件进行移位操作，直到满意为止。

图 2-192　编辑位置操作板

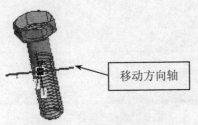

图 2-193　选择移动轴移动

（5）单击工具栏中的（视图管理器）按钮，在弹出的对话框中选择"分解"→"编辑"→"保存"命令，如图 2-194 所示。单击鼠标右键在弹出的快捷菜单中选择"确定"→"更新缺省"命令，如图 2-195 所示，完成爆炸图的位置编辑工作。

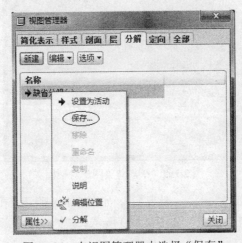

图 2-194　在视图管理器中选择"保存"

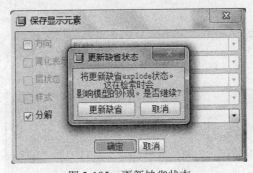

图 2-195　更新缺省状态

（6）单击（创建新对象）按钮，打开"新建"对话框。在"类型"中选择"绘图"单选项，输入文件名为 biansuqi，如图 2-196 所示，取消勾选"使用缺省模板"复选框，如图 2-197 所示，单击"确定"按钮。

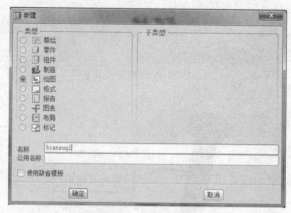

图 2-196   "新建"对话框

图 2-197   "新建绘图"对话框

（7）在功能区单击"布局"→"一般视图"，如图 2-198 所示，在弹出的对话框中选择"全部缺省"选项，单击"确定"按钮，如图 2-199 所示。

图 2-198   工程图功能区

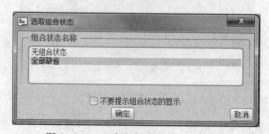

图 2-199   "选取组合状态"对话框

（8）在图框适当位置单击鼠标左键，此时弹出如图 2-200 所示的对话框。

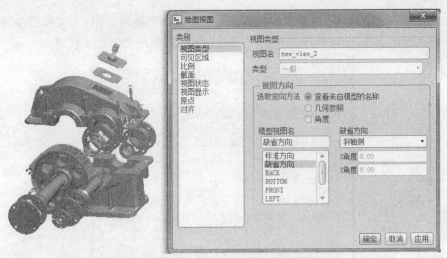

图 2-200 变速器一般视图创建

（9）在"类别"列表框选择"视图显示"，设置参数如图 2-201 所示，单击"应用"按钮后再单击"关闭"按钮。

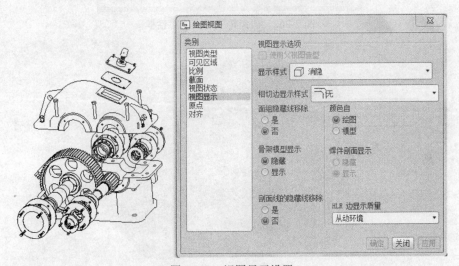

图 2-201 视图显示设置

（10）保存工程图，并关闭工程图窗口。

（11）保存组件文件。

2.2.4 运动仿真

本节重点：在虚拟的环境中模拟现实中的机构运动；定义伺服电机；定义齿轮；进行机构分析。

运动仿真的主要操作如下：

（1）启动 Pro/E 软件打开 biansuqi.asm 组件。

（2）单击菜单栏中的"应用程序"→"机构"命令。

（3）单击工具栏中的 （齿轮）按钮，弹出如图 2-202 所示"齿轮副定义"对话框，选择齿轮 1 的运动轴与齿轮 2 的运动轴，如图 2-203 所示，切换到"齿轮副定义"对话框中的"属

性"选项卡，在"齿轮比"下拉列表中选择"用户定义的"选项，在 D1 文本框中输入 1，D2
文本框中输入 3，如图 2-204 所示，单击"应用"按钮后单击"确定"按钮。

图 2-202   "齿轮副定义"对话框

图 2-203   运动轴定义

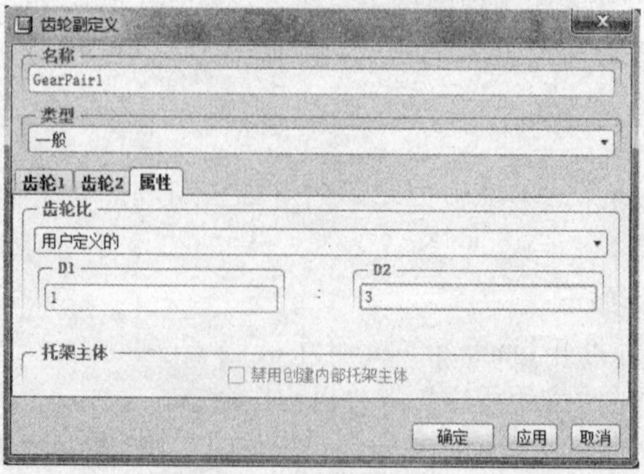

图 2-204   齿轮副属性定义

（4）单击工具栏中的 🔍（定义伺服电机）按钮，弹出如图 2-205 所示对话框，接受默认的名字，在"运动轴"选项下选择如图 2-203 所示的轴 1 为主动轴，然后单击"轮廓"选项卡，在"规范"下拉列表中选择"速度"选项，在"模"→"常数"→"A"文本框中输入 100，如图 2-206 所示，单击"应用"按钮后再单击"确定"按钮。

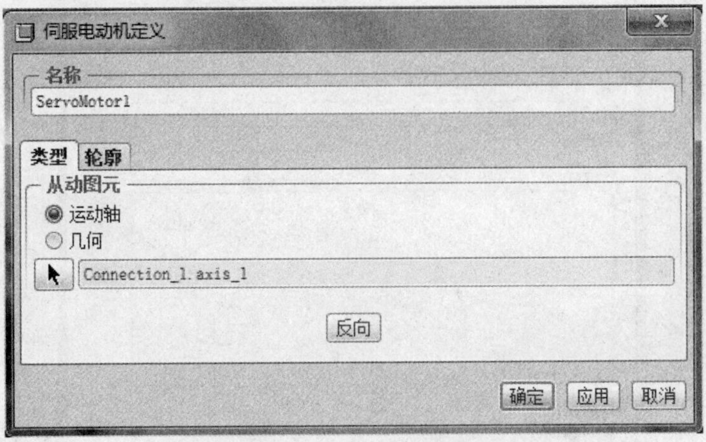

图 2-205　伺服电动机类型定义

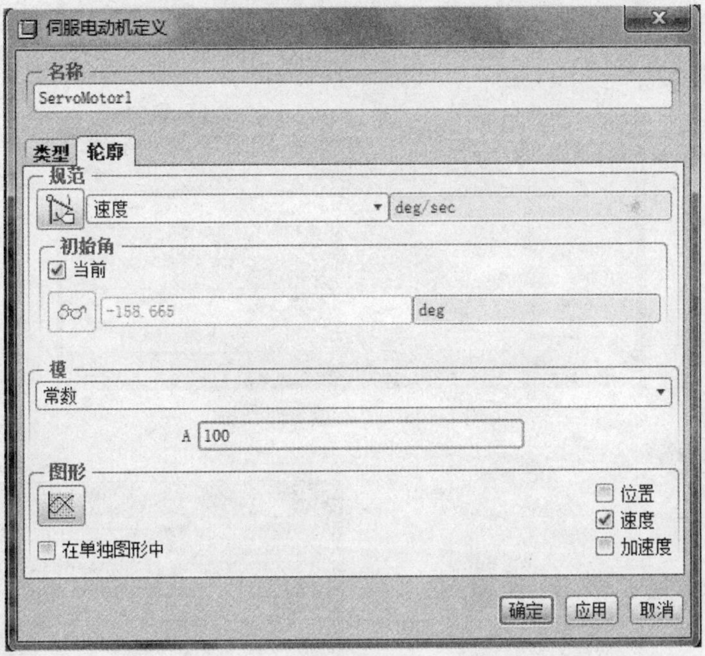

图 2-206　伺服电动机轮廓定义

（5）单击工具栏中的 ▨（机构分析）按钮，弹出如图 2-207 所示对话框，接受默认的名字，单击"运行"按钮，可以看到组件的运动，然后单击"确定"按钮。

（6）单击工具栏中的 ◀▶（回放）按钮，弹出如图 2-208 所示对话框，单击 ◀▶（回放）按钮，弹出如图 2-209 所示对话框，单击"捕获"按钮，可以输出动画文件，如图 2-210 所示。

（7）单击菜单栏中的"应用程序"→"标准"命令，在弹出的对话框中单击"是"按钮。

（8）保存文件。

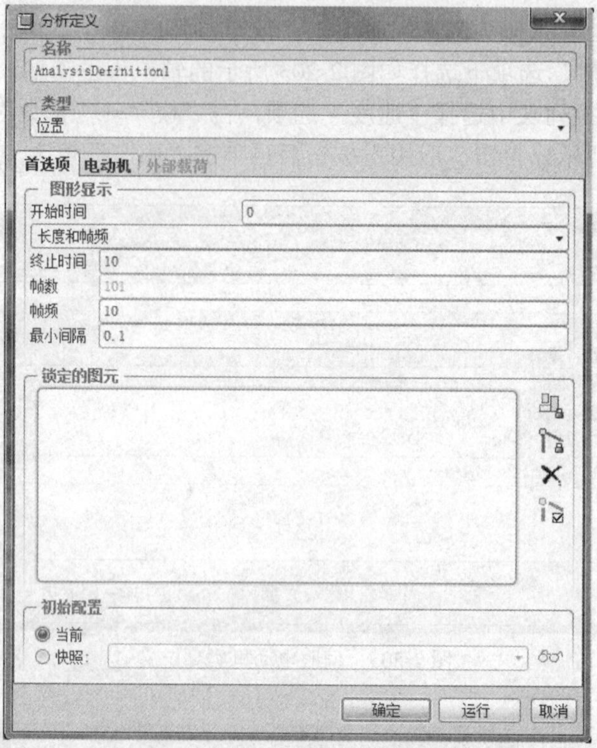

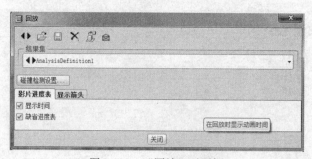

图 2-207　"分析定义"对话框

图 2-208　"回放"对话框

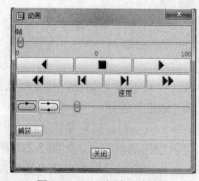

图 2-209　"动画"对话框

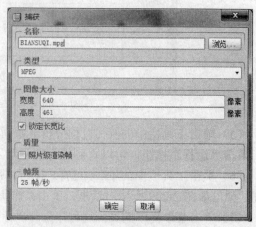

图 2-210　"捕获"对话框

2.3　变速器工程图的制作

本节重点：通过 Pro/E 软件完成由三维模型创建二维工程图；工程图环境的设置；工程图的创建操作。

2.3.1　工程图模板的创建

每个公司都有自己的绘图模板，本节就将工程图模板的创建方法，以 A4 标准图框的绘制为例，作一个说明。创建工程图模板的一般方法如下：

（1）使用 AutoCAD（本书使用 AutoCAD 2010 版本）软件绘制标准图框及标题栏填写情况，如图 2-211 所示，保存文件为 A4_proe.dxf（最好保存为 2000 版）。

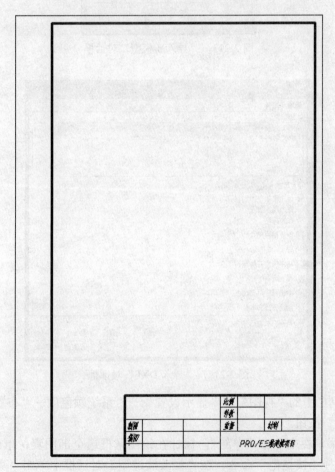

图 2-211　CAD 绘制的绘图模板

（2）启动 Pro/E 软件，设置工作目录，单击 （打开）按钮，打开"打开"对话框。在"类型"下拉列表中选择"DXF"选项，"文件名称"选取刚创建的 CAD 文件 a4_proe，如图 2-212 所示，单击"打开"按钮，在"导入新模型"对话框中"类型"选择"格式"单选项，名称输入"a4_proe"，如图 2-213 所示，单击"确定"按钮，弹出"导入 DXF"对话框，如图 2-214 所示，单击"确定"按钮。

图 2-212　选择 DXF 文件类型

图 2-213　"导入新模型"对话框

图 2-214　"导入 DXF"对话框

（3）单击菜单栏中的"视图"→"显示设置"→"系统颜色"→"布置"→"白底黑色"命令，单击"确定"按钮。

（4）在功能菜单栏中单击"草绘"，鼠标在绘图区框选全部图素，单击鼠标右键，在弹出的快捷菜单中选择"线造型"命令。在"修改线造型"对话框中单击"颜色"，在"颜色"对话框中选择"黑色"，如图 2-215 所示，单击"确定"按钮，然后在"修改线造型"对话框中单击"应用"按钮，利用鼠标框选将多余的线删除。

（5）在功能菜单栏中单击"注释"，鼠标在绘图区框选全部文字图素，单击鼠标右键，在弹出的快捷菜单中选择"文本样式"命令，如图 2-216 所示。在"文本样式"对话框中单击"颜色"，在"颜色"对话框中选择"黑色"，如图 2-217 所示，单击"确定"按钮，然后在"文本样式"对话框中单击"确定"按钮，完成的图框如图 2-218 所示。

图 2-215　修改图框线型颜色

图 2-216　注释快捷菜单

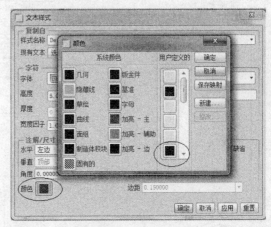

图 2-217　修改文本样式

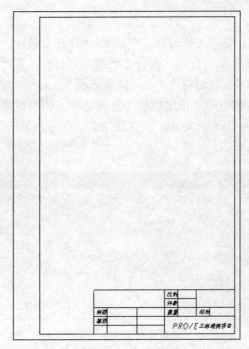

图 2-218　图框效果

（6）保存文件，完成模板创建。

2.3.2 从动轴工程图创建操作

本节重点：通过实例操作了解工程图的创建方法。

本节要绘制的从动轴工程图，如图 2-219 所示。

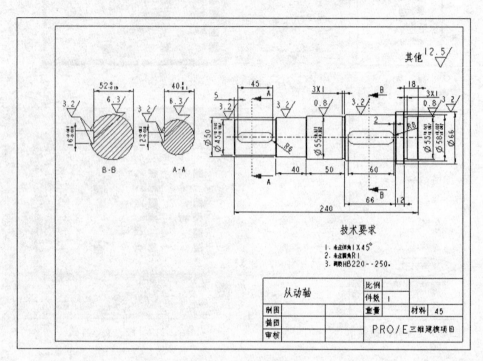

图 2-219　从动轴工程图

（1）启动 Pro/E 软件，设置工作目录，单击 （打开）按钮，打开 biansuqi31.prt 文件。

（2）单击 （创建新对象）按钮，打开"新建"对话框。在"类型"中选"绘图"单选项，输入文件名为 biansuqi31，取消勾选"使用缺省模板"复选框，如图 2-220 所示，单击"确定"，在"新建绘图"对话框中的"指定模板"选择"格式为空"单选项，在"格式"中单击"浏览"按钮查找格式文件"a3_proe.frm"，如图 2-221 所示，单击"确定"按钮，如图 2-222 所示。

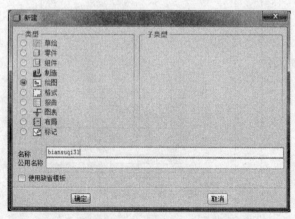

图 2-220　"新建"对话框

图 2-221 "新建绘图"对话框

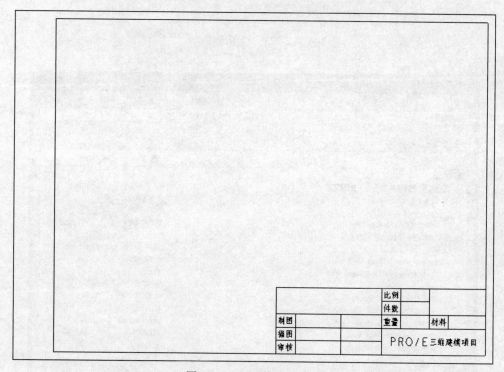

图 2-222 调入格式后效果

（3）在菜单栏单击"文件"→"绘图选项"命令，如图 2-223 所示，打开"选项"对话框，在搜索栏中输入"decimal_marker"，在值中选择"period"，如图 2-224 所示，单击"添加/更改"按钮，单击"确定"按钮后，关闭"选项"对话框（注：其他绘图选项的设置与此类似，此处不一一列举）。

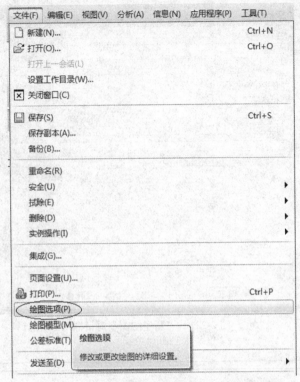

图 2-223 绘图选项

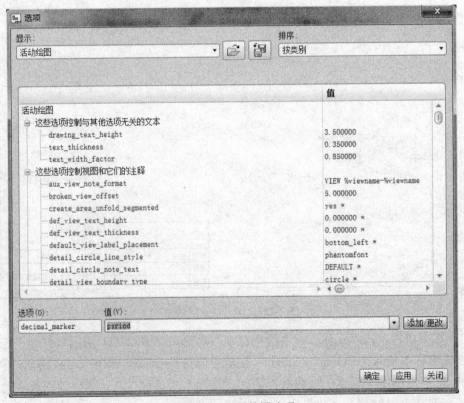

图 2-224 设置绘图选项

（4）在功能区单击"布局"→"一般视图"，如图 2-225 所示。在图框适当位置单击鼠标左键，此时弹出如图 2-226 所示的对话框，在"模型视图名"列表中选择"TOP"，单击"应用"按钮。

图 2-225　工程图功能区

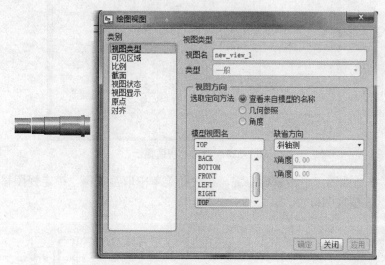

图 2-226　放置"绘图视图"

（5）在"绘图视图"对话框的"类别"列表框中选择"比例"选项，选中"定制比例"单选项，输入 0.5，如图 2-227 所示，单击"应用"按钮。

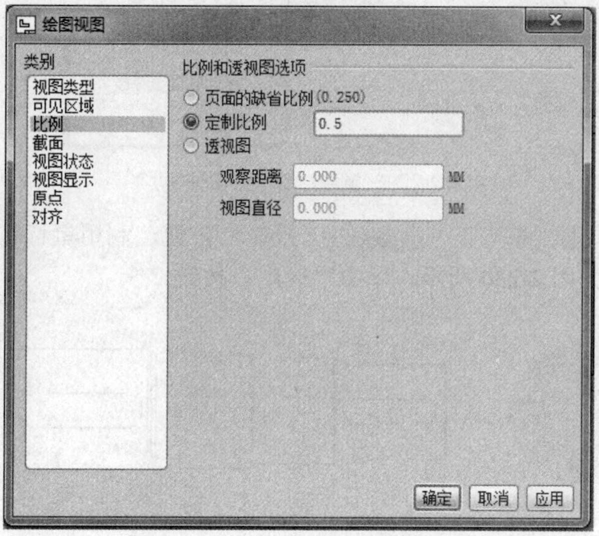

图 2-227　设置"比例"

（6）在"绘图视图"对话框的"类别"列表框中选择"视图显示"选项，在"显示样式"下拉列表中选择"消隐"，在"相切边显示样式"下拉列表中选择"无"，如图 2-228 所示，单击"应用"按钮并关闭"绘图视图"对话框。

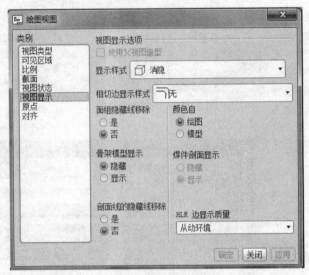

图 2-228 设置"视图显示"

（7）鼠标框选视图，单击鼠标右键，在快捷菜单中取消选择"锁定视图移动"命令，如图 2-229 所示，调整视图位置。

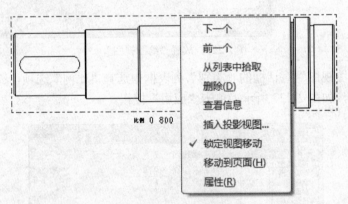

图 2-229 解除"锁定视图移动"

（8）在功能区单击"布局"→📐投影...（投影）按钮，利用鼠标将投影框移到主视图左侧，设置视图显示，如图 2-230 所示，单击"应用"按钮。

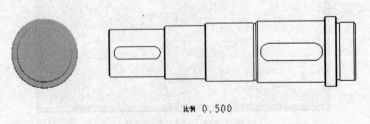

图 2-230 新建投影视图

（9）在新建的投影视图上双击打开"绘图视图"对话框，在"类别"列表框选择"视图显示"，将"显示样式"设置为"消隐"，"相切边显示样式"设置为"无"；在"剖面选项"中选择"2D 剖面"，单击 + 按钮，在"名称"列表中选择"创建新……"选项，在弹出的面板中选择"偏移"→"双侧"→"单一"→"完成"选项，如图 2-231 所示。

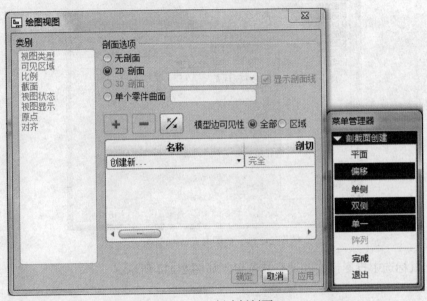

图 2-231　创建新剖面

（10）输入截面名称为 A，单击 ☑（接受）按钮，选择"FRONT"平面作为绘图平面，绘制如图 2-232 所示的草图，在草绘菜单中单击 ✔（完成）按钮，单击"应用"按钮。

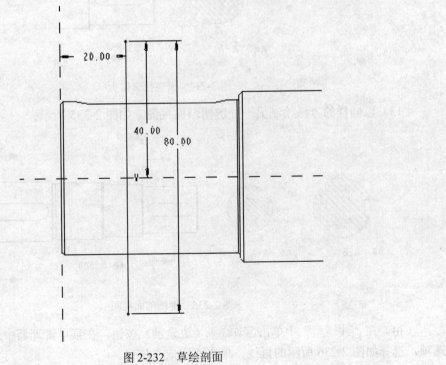

图 2-232　草绘剖面

（11）在"绘图视图"对话框中选择"类别"为"视图类型"，设置视图名为 A，并勾选"添加投影箭头"复选框，如图 2-233 所示，单击"应用"按钮并关闭"绘图视图"对话框。

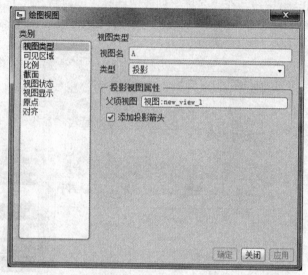

图 2-233　视图名及添加箭头

（12）鼠标选中投影箭头并调整其位置，如图 2-234 所示。

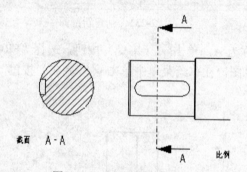

图 2-234　调整投影箭头

（13）以同样的方法绘制另一处键槽剖面视图，如图 2-235 所示。

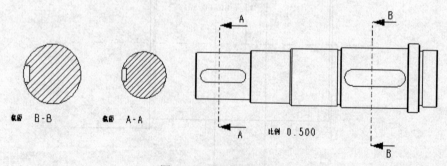

图 2-235　键槽剖面视图

（14）在"线造型"中单击 边显示… （边显示）按钮，在菜单管理器中选择"拭除直线"选项，选择如图 2-236 所示的直线，单击"完成"按钮。

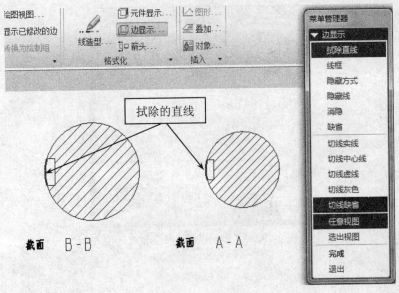

图 2-236　拭除直线

（15）在功能区切换到"注释"选项卡，如图 2-237 所示。

图 2-237　"注释"选项

（16）在绘图区选择主视图，单击 <!-- 显示模型注释 --> （显示模型注释）按钮，单击 <!-- 全选 --> （全选）按钮并单击"应用"按钮，如图 2-238 所示。在"显示模型注释"对话框中单击 <!-- 按钮 --> 按钮，单击 <!-- 全选 --> （全选）按钮，如图 2-239 所示，单击"应用"按钮后关闭对话框。

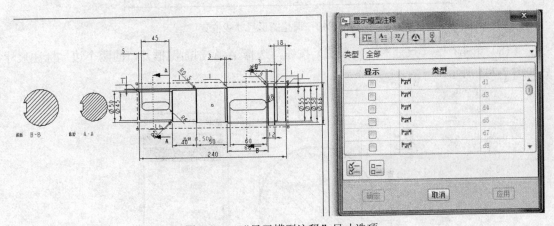

图 2-238　"显示模型注释"尺寸选项

（17）在绘图区使用鼠标调整尺寸线的位置，在不需要的尺寸线上单击鼠标右键，选择"删除"命令，调整尺寸线时注意 <!-- 对齐尺寸 --> 对齐尺寸（对齐尺寸）按钮的运用，调整后的图形如图 2-240 所示。

图 2-239　"显示模型注释"轴线选项

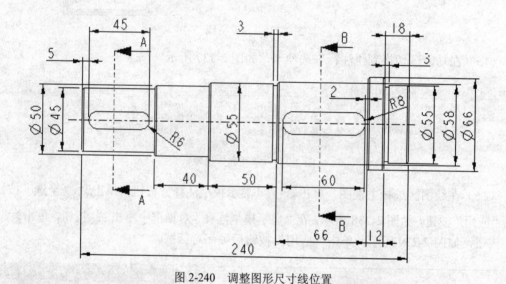

图 2-240　调整图形尺寸线位置

（18）单击 （尺寸－－新参照）按钮，选择 A-A 剖面键槽开口的两个边，标注尺寸后如图 2-241 所示。

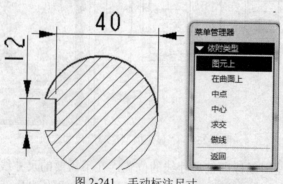

图 2-241　手动标注尺寸

（19）鼠标选中尺寸 40，单击鼠标右键，选择"反向箭头"命令，如图 2-242 所示。

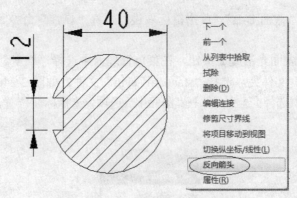

图 2-242　改变尺寸 40 的箭头方向

（20）同样的方法，做 B-B 剖面的标注，标注完成后，如图 2-243 所示。

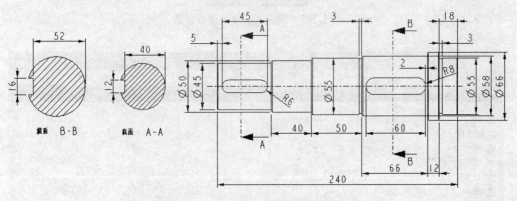

图 2-243　完成移出断面的尺寸标注

（21）鼠标选中"截面 A-A"，单击鼠标右键，选择"属性"命令，在对话框中删除"截面"两个字，如图 2-244 所示。

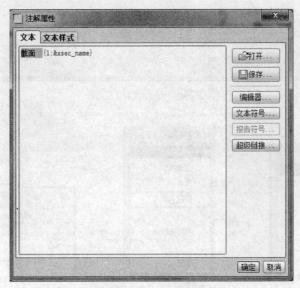

图 2-244　删除截面两个字

（22）鼠标选中"截面 B-B"，单击鼠标右键，选择"属性"命令，在对话框中删除"截面"两个字。

（23）单击 （表面光洁度）按钮，在菜单管理器中选择"检索"选项，如图 2-245 所示，打开"machined"文件夹，选择"standard1.sym"文件，如图 2-246 所示，单击"打开"按钮，在菜单管理器中选择"无引线"→"图元上"选项，选择标注位置，输入 0.8，如图 2-247所示。

图 2-245　表面光洁度菜单管理器

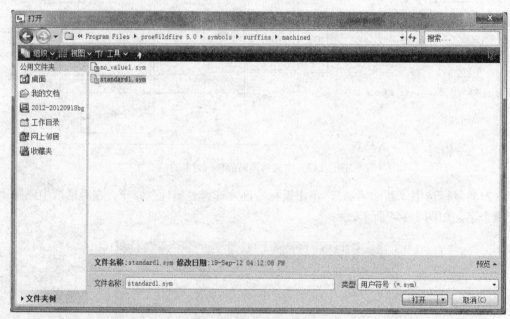

图 2-246　打开光洁度文件

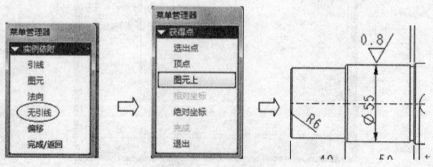

图 2-247　标注粗糙度

（24）按照步骤（22）的方法标注主视图其他粗糙度，如图 2-248 所示。

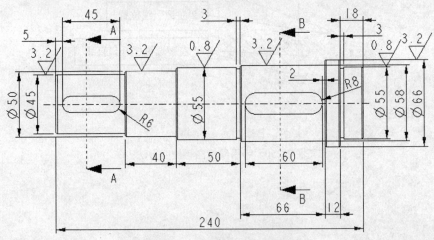

图 2-248　主视图上标注粗糙度

（25）单击 ³²√（表面光洁度）按钮，在菜单管理器中选择"符号名称"→"standard1"→"引线"→"图元上"→"没有箭头"选项，如图 2-249 所示，选择如图 2-250 所示标注位置，输入粗糙度值 3.2。

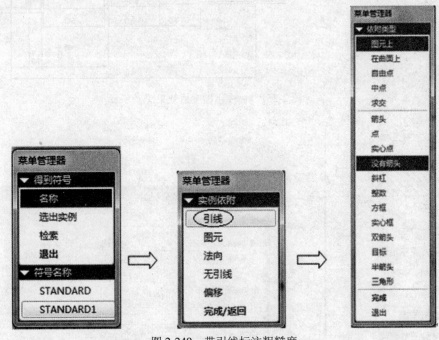

图 2-249　带引线标注粗糙度

（26）按照步骤（24）的方法标注出剖视图其他粗糙度，如图 2-251 所示。

（27）鼠标选中"B-B 断面"中的尺寸线 16，单击鼠标右键，选择"属性"命令，如图 2-252 所示，在"尺寸属性"对话框中设置"小数位数"为 2，"公差模式"选择"加-减"，输入"上公差"-0.003，"下公差"-0.030，"小数位数"取消勾选"缺省"复选框，并设置为 2，如图 2-253 所示，单击"确定"按钮，尺寸显示如图 2-254 所示。

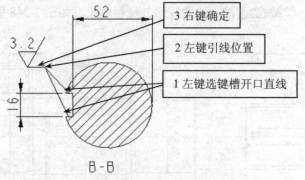

图 2-250　带引线标注粗糙度方法

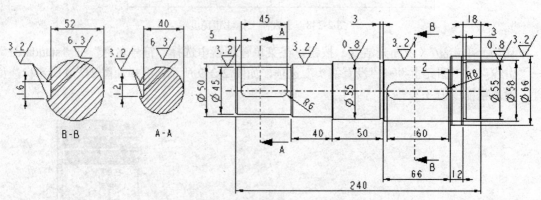

图 2-251　标注粗糙度后效果图

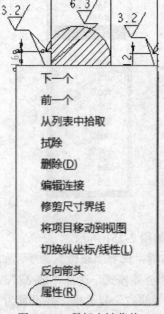

图 2-252　鼠标右键菜单

图 2-253　"尺寸属性"对话框

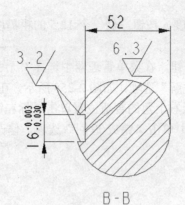

图 2-254　标注带有上下偏差的尺寸

（28）基于同样的道理，标注其他带有公差的尺寸。

（29）选中退刀槽的尺寸 3，单击鼠标右键，选择"属性"→"显示"命令，在空白框的后面输入 X1，如图 2-255 所示，单击"确定"按钮；同样做另一个退刀槽，最后完成的图形如图 2-256 所示。

图 2-255　修改尺寸文本显示

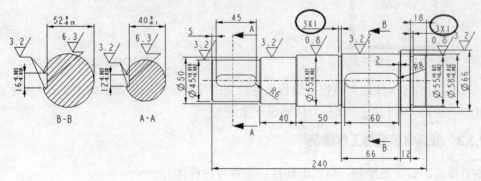

图 2-256　尺寸标注后图形

（30）单击 （表面光洁度）按钮，做一个 12.5 的粗糙度，然后移到图的右上角，如图 2-257 所示。

（31）单击 （注解）按钮，在菜单管理器中选择"无引线"→"输入"→"水平"→"标准"→"缺省"→"进行注解"选项，如图 2-258 所示，在弹出的对话框中选择"选出点"选项，如图 2-259 所示。在图纸右上角的合适位置单击鼠标左键，输入"其他"后单击 ✔（完成）按钮两次，在菜单管理器中单击"完成/返回"选项，修改"其他"两个字的大小为 7，效果如图 2-260 所示。

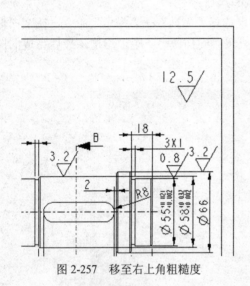

图 2-257　移至右上角粗糙度

图 2-258　菜单管理器

图 2-259　菜单管理器

图 2-260　注解"其他"二字

（32）单击 （注解）按钮，进行其他位置的注解，完成后图纸如图 2-219 所示。

（33）单击工具栏 □（保存）按钮保存文件。

2.3.3　变速器装配图工程图制作

本节重点：装配图绘制；格式的转换；零件号的标注。

变速器装配图如图 2-261 所示，装配工程图绘制的主要操作如下：

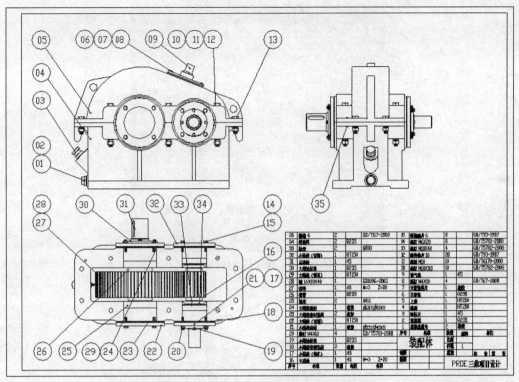

图 2-261　变速器装配图

（1）启动 Pro/E 软件，设置工作目录，单击 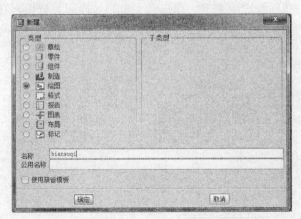（打开）按钮，打开 biansuqi.asm 文件。

（2）单击 ☐（创建新对象）按钮，打开"新建"对话框。在"类型"中选"绘图"单选项，输入文件名为 biansuqi，取消勾选"使用缺省模板"复选框，如图 2-262 所示，单击"确定"按钮，在"新建绘图"对话框中的"指定模板"选择"空"选项，选择"横向"、"A1"选项，如图 2-263 所示，单击"确定"按钮。

图 2-262　新建工程图

（3）在功能区单击"布局"→"一般视图"，在绘图区适当位置单击鼠标左键，在弹出的对话框中选择"无组合状态"选项，在"模型视图名"中选择"ZHU"选项，定制视图比例 0.6，将显示样式设置为"消隐"，相切边显示样式设置为"无"，单击"应用"按钮，并关闭"绘图视图"对话框，如图 2-264 所示。

图 2-263　设置新建绘图格式

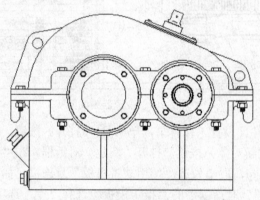

图 2-264　主视图

（4）在功能区"布局"选项卡下，单击▭投影…（投影）按钮，在绘图区选中主视图，利用鼠标将投影框移到主视图左侧及下方，创建左视图与俯视图，设置与主视图相同的显示方案，如图 2-265 所示，单击"应用"按钮。

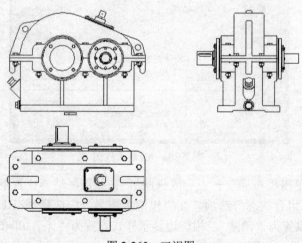

图 2-265　三视图

（5）在功能区"布局"选项卡下，单击 （元件显示）按钮，在弹出的菜单管理器中选择"遮蔽"→"所选视图"选项，如图 2-266 所示。然后在绘图区选中俯视图，用鼠标左键选择不想显示的元件，按鼠标中键确定，全部完成后，按鼠标中键确定，退出菜单管理器，效果如图 2-267 所示。

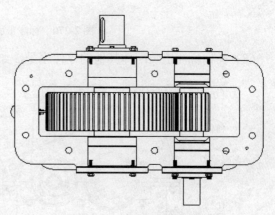

图 2-266　元件显示"菜单管理器"　　　　　图 2-267　去除上盖后视图

（6）在菜单栏单击"文件"→"绘图选项"命令，打开"选项"对话框，在搜索栏输入"drawing_text_height"，将数值设置为 10，单击"添加/更改"按钮，单击"确定"按钮后，关闭"选项"对话框。

（7）在功能区"注释"选项卡下，单击 ⊕（球标）按钮，在弹出的菜单管理器中选择"带引线"→"输入"→"垂直"→"标准"→"缺省"→"进行注解"选项，如图 2-268 所示。在随后弹出的菜单管理器中选择"图元上"→"实心点"选项，如图 2-269 所示。在视图中用鼠标左键选取图元，用鼠标右键确定球标的位置，输入零件序号 1，单击 ✔（完成）按钮，输入零件序号 2，单击两次 ✔（完成）按钮，如图 2-270 所示。

图 2-268　设置球标"菜单管理器"　　　　　图 2-269　进行注解"菜单管理器"

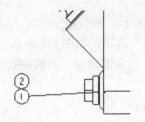

图 2-270　标注带引线零件序号

（8）类似标注出装配体其他的零件序号，如图 2-271 所示。

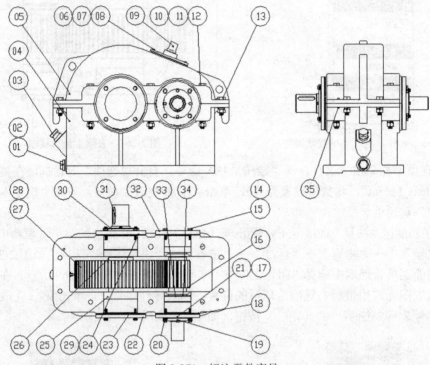

图 2-271　标注零件序号

（9）在功能区"布局"选项卡下，单击 页面设置 （页面设置）按钮，在弹出的"页面设置"对话框中打开"格式"下拉列表，选择"浏览"选项，如图 2-272 所示，查找并选择已做好的格式"A1_PROE.frm"，单击"确定"按钮，如图 2-273 所示。

图 2-272　"页面设置"对话框

序号	名称	数量	材料	备注
35	锥销4	2		GB/T117-2000
34	挡油环	2	Q235	
33	轴承	2		6008
32	小端盖 盲端	1	HT150	
31	从动轴	1	45	
30	大端油封盖	1	Q235	
29	大端盖 带孔	1	HT150	
28	键16X10X40			GB1096-2003
27	齿轮	1	45	M=3 Z=80
26	套筒	1	Q235	
25	轴承	2		6011
24	大端盖油封	1	橡胶	Ø68XØ50X8
23	大端盖密封垫圈	2	橡胶	
22	大端盖 盲端	1	HT150	
21	小端盖油封	1	橡胶	Ø55XØ40X8
20	螺钉M4X10	4		GB/T5781-2008
19	小端油封盖	1	Q235	
18	小端密封垫圈	2	橡胶	
17	小端盖 带孔	1	45	
16	主动轴	1	45	M=3 Z=20

序号	名称	数量	材料	备注
15	弹性垫片6	8		GB/T93-1987
14	螺钉M6X20	8		GB/T5781-2008
13	螺钉M10X40	4		GB/T5782-2008
12	弹性垫片10	20		GB/T93-1987
11	螺母M10	10		GB/T6170-2008
10	螺钉M10X110	10		GB/T5782-2008
9	透气塞	1	45	
8	螺钉M4X10	4		GB/T67-2008
7	天窗盖垫片	1	橡胶	
6	天窗盖	1	Q235	
5	上盖	1	HT200	
4	底座	1	HT200	
3	油标尺	1	45	
2	放油塞	1	Q235	
1	放油塞垫片	2	橡胶	

装配体　比例　件数 1　重量　共 张 第 张　制图　描图　PROE三维项目设计

图 2-273　调入已做好零件表格的图框

（10）在功能区"注释"选项卡下，单击 ![A+]（注解）按钮，插入装配图技术要求，如图 2-274 所示。

技术要求
1、装配前，用煤油清洗所有零件　箱体内壁涂耐油油漆；
2、装配后，注入齿轮润滑油至规定高度；
3、试运行时各接触面及密封处均不允许漏油

图 2-274　装配图技术要求

（11）单击工具栏 ![保存]（保存）按钮保存文件。

2.4　思考练习

1. 参照附录一 biansuqi05 零件图纸，完成上盖的造型设计。
2. 参照附录一 biansuqi06 零件图纸，完成天窗盖的造型设计。
3. 参照附录一 biansuqi07 零件图纸，完成天窗盖垫片的造型设计。
4. 参照附录一 biansuqi09 零件图纸，完成透气塞的造型设计。
5. 参照附录一 biansuqi17 零件图纸，完成小端盖（带孔）的造型设计。
6. 参照附录一 biansuqi18 零件图纸，完成小端盖密封垫圈的造型设计。
7. 参照附录一 biansuqi19 零件图纸，完成小端油封盖的造型设计。
8. 参照附录一 biansuqi22 零件图纸，完成大端盖（盲端）的造型设计。
9. 参照附录一 biansuqi23 零件图纸，完成大端盖密封垫圈的造型设计。
10. 参照附录一 biansuqi26 零件图纸，完成套筒的造型设计。

11．参照附录一 biansuqi27 零件图纸，完成齿轮的造型设计。

12．参照附录一 biansuqi29 零件图纸，完成大端盖（带孔）的造型设计。

13．参照附录一 biansuqi30 零件图纸，完成大端油封盖的造型设计。

14．参照附录一 biansuqi31 零件图纸，完成从动轴的造型设计。

15．参照附录一 biansuqi32 零件图纸，完成小端盖（盲端）的造型设计。

16．参照附录一 biansuqi34 零件图纸，完成挡油环的造型设计。

17．参照相关标准件标准，完成变速器零件 8、10、11、12、13、14、15 的造型设计。

18．参照相关标准件标准或者参照本书资料（可从网站下载或根据附录自建模型）提供的轴承造型，完成变速器零件 25、33 轴承的装配设计。

19．参照附录一 biansuqi05 零件图纸，完成上盖的工程图。

20．参照附录一 biansuqi06 零件图纸，完成天窗盖的工程图。

21．参照附录一 biansuqi07 零件图纸，完成天窗盖垫片的工程图。

22．参照附录一 biansuqi09 零件图纸，完成透气塞的工程图。

23．参照附录一 biansuqi17 零件图纸，完成小端盖（带孔）的工程图。

24．参照附录一 biansuqi18 零件图纸，完成小端盖密封垫圈的工程图。

25．参照附录一 biansuqi19 零件图纸，完成小端油封盖的工程图。

26．参照附录一 biansuqi22 零件图纸，完成大端盖（盲端）的工程图。

27．参照附录一 biansuqi23 零件图纸，完成大端盖密封垫圈的工程图。

28．参照附录一 biansuqi26 零件图纸，完成套筒的工程图。

29．参照附录一 biansuqi27 零件图纸，完成齿轮的工程图。

30．参照附录一 biansuqi29 零件图纸，完成大端盖（带孔）的工程图。

31．参照附录一 biansuqi30 零件图纸，完成大端油封盖的工程图。

32．参照附录一 biansuqi32 零件图纸，完成小端盖（盲端）的工程图。

33．参照附录一 biansuqi34 零件图纸，完成挡油环的工程图。

34．根据自己做的项目零件完成变速器项目的组装并进行模拟仿真。

项目 3　落地扇产品设计

项目 2 主要介绍了实体建模的方法与技巧,本项目将在实体建模的基础上,重点介绍 Pro/E 软件利用线面进行建模的方法与技巧,同时简要介绍一下 Pro/E 软件高级建模命令的运用。为方便大家对 Pro/E 软件线面建模及高级命令的学习与使用,本项目特别引入落地扇建模这个实例,以项目化的方式,学习利用线面进行建模的方法。项目中一些比较容易建模以及未涉及到曲面、曲线建模的零件,将作为课外的练习题留给学生自己去完成。

3.1　底座零件设计

本节重点:实体建模;高级命令的设置方法;剖面圆顶命令的使用方法;抽壳命令的使用方法;轨迹筋命令的使用方法。

落地扇底座零件图纸如图 3-1 所示,零件建模的主要操作如下:

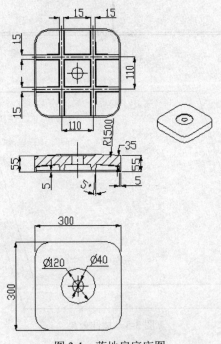

图 3-1　落地扇底座图

（1）启动 Pro/E 软件,设置工作目录（可以根据需要创建自己的工作目录）,单击 ▢（创建新对象）按钮,打开"新建"对话框。在"类型"中选择"零件"单选项,在"子类型"中选择"实体"单选项,输入文件名为 luodishan01,取消勾选"使用缺省模板"复选框,在打开的"新文件选项"对话框中选中"mmns_part_solid"文件,单击"确定"按钮,进入零件设计界面。

（2）单击工具栏中的 ⊡（拉伸工具）按钮,打开拉伸操作面板,选中 ▢（实体）按钮,在"拉伸深度"文本框中输入 47.25，然后单击"放置"按钮，单击"定义"按钮，弹出"草绘"对话框，选择 TOP 基准平面作为草绘平面，以 RIGHT 基准平面作为"右"参照进入草绘模式，单击"草绘"按钮进行草绘，草绘尺寸如图 3-2 所示，效果如图 3-3 所示。

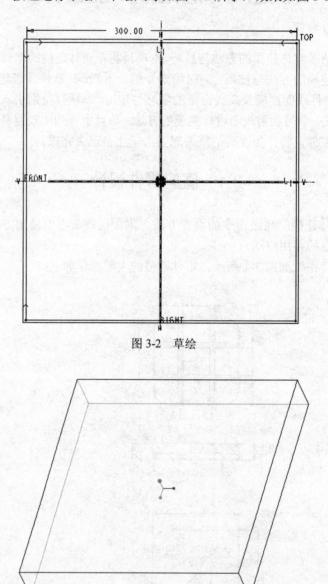

图 3-2　草绘

图 3-3　拉伸效果

（3）单击菜单栏中"工具"→"选项"命令，在"选项"文本框中输入 allow_anatomic_features 并在"值"下拉列表中选择 yes，如图 3-4 所示，单击"添加/更改"按钮，并"关闭选项"对话框。

（4）单击菜单栏中"插入"→"高级"→"剖面圆顶"命令，在菜单管理器中选择"扫描"→"一个轮廓"→"完成"选项，如图 3-5 所示。选择上表面作为圆顶的曲面，选择前侧面作为轮廓草绘曲面，如图 3-6 所示，确定缺省方向，进入草绘界面，绘制如图 3-7 所示草绘图形，单击✔（完成）按钮；选择左侧面作为草绘的曲面，如图 3-8 所示，确定缺省方向，进入草绘界面，绘制如图 3-9 所示草绘图形，单击 ✔（完成）按钮，效果如图 3-10 所示。

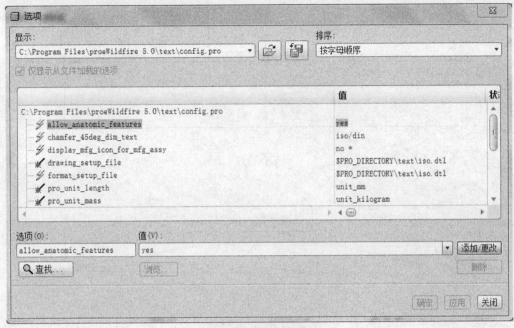

图 3-4　设置选项对话框

图 3-5　单面圆顶菜单管理器

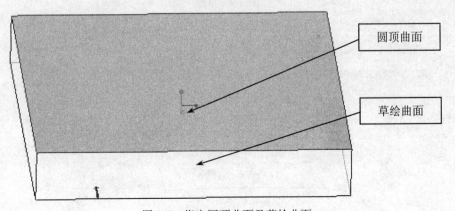

图 3-6　指定圆顶曲面及草绘曲面

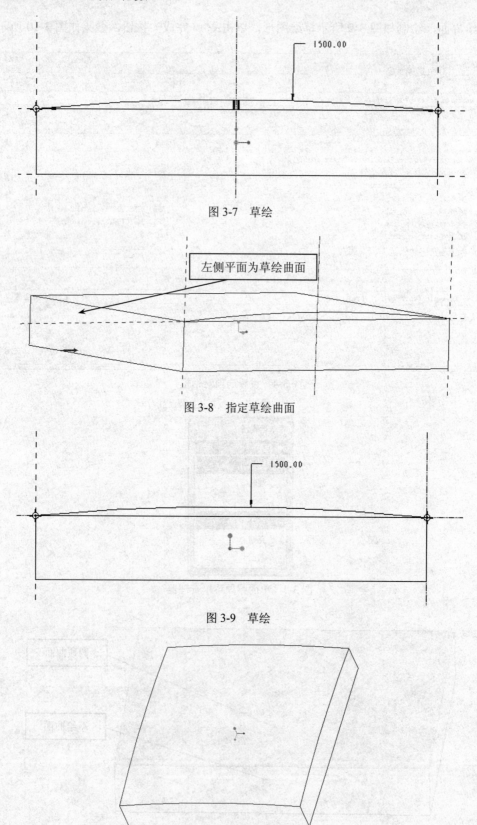

图 3-7　草绘

图 3-8　指定草绘曲面

左侧平面为草绘曲面

图 3-9　草绘

图 3-10　完成剖面圆顶

（5）单击工具栏中的 （倒圆角）按钮，倒四周 R50 圆角，模型效果如图 3-11 所示。

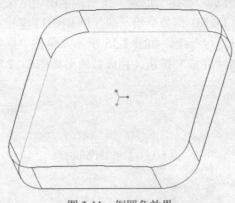

图 3-11　倒圆角效果

（6）单击工具栏中的 （壳）按钮，在操作框中输入厚度值 5，打开"参照"选项卡，选择"移除的曲面"为模型底部平面，"非缺省厚度"曲面为上表面，输入厚度值 35，如图 3-12 所示，单击 （完成）按钮。

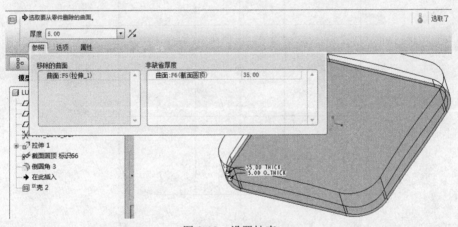

图 3-12　设置抽壳

（7）单击工具栏中的 （平面）按钮，打开"基准平面"对话框，选择模型底部平面，设置向上偏移值为 5，创建基准面 DTM1，如图 3-13 所示。

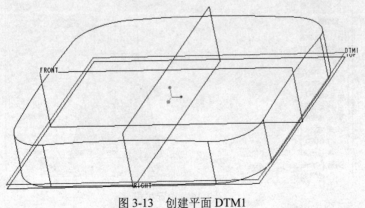

图 3-13　创建平面 DTM1

（8）单击工具栏中的 （轨迹筋）按钮，在操控面板中输入筋板厚度值 15，单击 （添加拔模）按钮，如图 3-14 所示；单击"放置"按钮，单击"定义"按钮，弹出"草绘"对话框，选择上一次创建的平面 DTM1 作为草绘平面，以 RIGHT 基准平面作为"右"参照进入草绘模式，单击"草绘"按钮进行草绘，如图 3-15 所示；单击"形状"按钮，输入拔模角度值 5，如图 3-16 所示，单击 （完成）按钮，完成后效果如图 3-17 所示。

图 3-14　轨迹筋操作面板

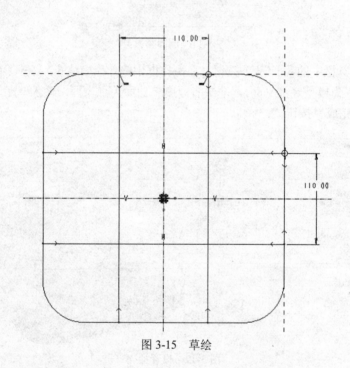

图 3-15　草绘

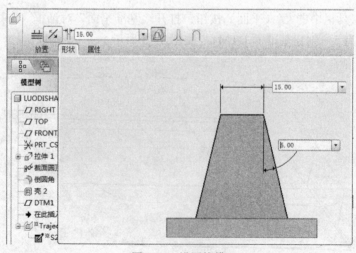

图 3-16　设置拔模

图 3-17 轨迹筋

（9）单击工具栏中的 ◆（旋转工具）按钮，打开旋转操作面板，选中 □（实体）按钮，选择 □（去除材料）选项，然后单击"放置"按钮，单击"定义"按钮，弹出"草绘"对话框，选择 FRONT 基准平面作为草绘平面，以 RIGHT 基准平面作为"右"参照进入草绘模式，单击"草绘"按钮进行草绘，如图 3-18 所示，单击 ✓（完成）按钮，完成后效果如图 3-19 所示。

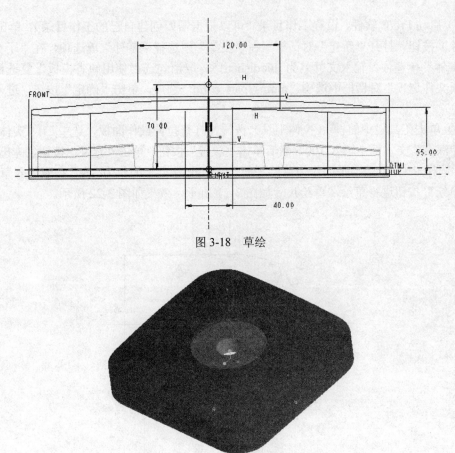

图 3-18 草绘

图 3-19 效果图

（10）单击工具栏 （保存）按钮保存文件。

3.2　电机壳零件设计

本节重点：实体建模；混合命令；抽壳命令；相交曲线。

落地扇电机壳零件图纸如图 3-20 所示，零件建模的主要操作如下：

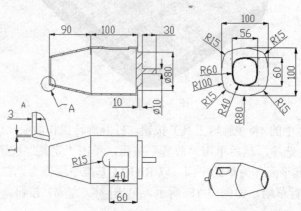

图 3-20　电机壳图

（1）启动 Pro/E 软件，设置工作目录（可以根据需要创建自己的工作目录），单击 （创建新对象）按钮，打开"新建"对话框。在"类型"中选择"零件"单选项，在"子类型"中选择"实体"单选项，输入文件名为 luodishan18，取消勾选"使用缺省模板"复选框。在打开的"新文件选项"对话框中选中"mmns_part_solid"选项，单击"确定"按钮，进入零件设计界面。

（2）单击工具栏中的 （拉伸工具）按钮，打开拉伸操作面板，选中 （实体）按钮，在"拉伸深度"文本框中输入 100，然后单击"放置"按钮，单击"定义"按钮，弹出"草绘"对话框，选择 RIGHT 基准平面作为草绘平面，以 TOP 基准平面作为"左"参照进入草绘模式，单击"草绘"按钮进行草绘，草绘尺寸如图 3-21 所示，效果如图 3-22 所示。

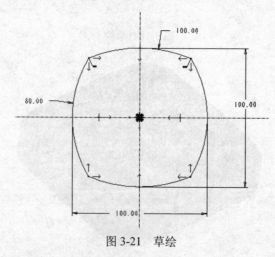

图 3-21　草绘

（3）单击菜单栏中"插入"→"混合"→"伸出项"命令，在菜单管理器中选择"平行"

→"规则截面"→"草绘截面"→"完成"选项，如图 3-23 所示，在"属性"列表中选择"直"→"完成"选项，如图 3-24 所示，选择拉伸体的上表面作为草绘平面，确认投影方向，以缺省方式，进入草绘界面。

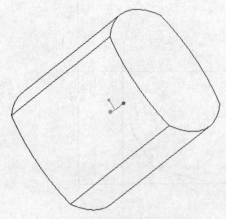

图 3-22 拉伸后效果

图 3-23 混合菜单管理器设置

图 3-24 属性菜单设置

（4）单击 ▢（使用）按钮绘制如图 3-25 所示草绘图形，单击菜单栏中的"草绘"→"特征工具"→"切换截面"命令，绘制如图 3-26 所示的草绘图形，单击 ✔（完成）按钮，在菜单管理器中选择"盲孔"→"完成"选项，如图 3-27 所示。输入截面 2 的深度值为 90，单击 ☑（完成）按钮，在"伸出项:混合,平行,规则截面"对话框中，单击"确定"按钮，如图 3-28 所示，效果如图 3-29 所示（注：混合命令需要起点对应，截面顶点数相等）。

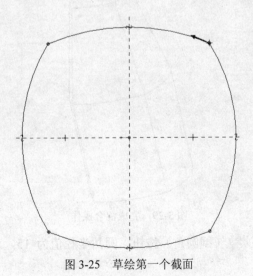

图 3-25 草绘第一个截面

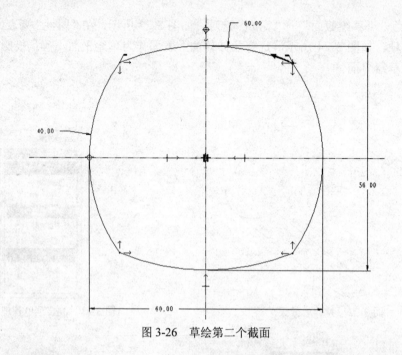

图 3-26 草绘第二个截面

图 3-27 设置深度菜单

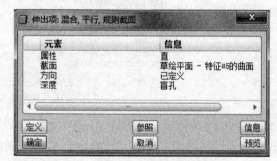

图 3-28 "伸出项"对话框

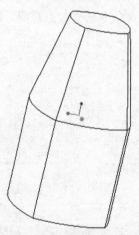

图 3-29 完成混合操作

（5）单击工具栏中的 （倒圆角）按钮，圆角半径值为 15，对模型棱线进行倒圆角，效果如图 3-30 所示。

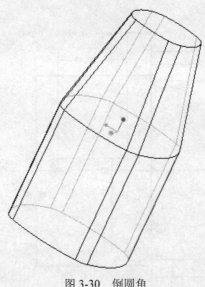

图 3-30 倒圆角

（6）单击工具栏中的 回（壳）按钮，在操作框中输入厚度值为 3，选择移除的曲面为模型顶部平面，如图 3-31 所示，单击 ✓（完成）按钮。

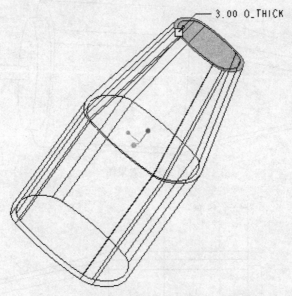

图 3-31 抽壳移除平面

（7）单击工具栏中的 ⬢（旋转工具）按钮，打开旋转操作面板，单击 口（实体）按钮，然后单击"放置"按钮，单击"定义"按钮，弹出"草绘"对话框，选择 TOP 基准面作为草绘平面，以 RIGHT 基准平面作为"左"参照进入草绘模式，单击"草绘"按钮进行草绘，如图 3-32 所示，单击 ✓（完成）按钮，效果如图 3-33 所示。

（8）单击工具栏中的 ⬚（拉伸工具）按钮，打开拉伸操作面板，单击 口（实体）按钮，单击 ⬌（穿透）按钮，单击 ⬩（去除材料）按钮，然后单击"放置"按钮，单击"定义"按钮，弹出"草绘"对话框，选择 TOP 基准平面作为草绘平面，以 RIGHT 基准平面作为"右"参照进入草绘模式，绘制如图 3-34 所示图形，零件效果如图 3-35 所示。

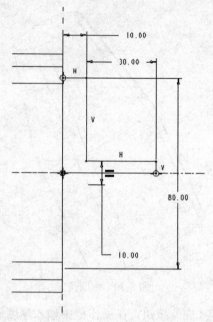

图 3-32　草绘

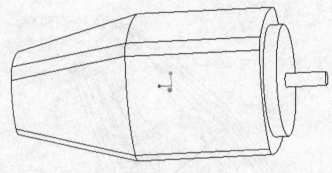

图 3-33　效果图

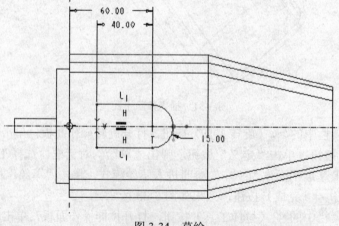

图 3-34　草绘

（9）单击工具栏中的 ▱（平面）按钮，打开"基准平面"对话框，选择模型顶部平面向下偏移 3，创建基准面 DTM1，如图 3-36 所示。

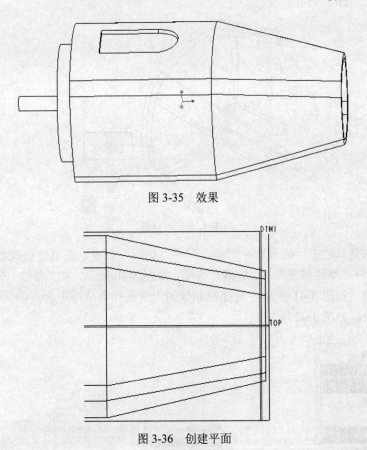

图 3-35　效果

图 3-36　创建平面

（10）鼠标选中 DTM1 的情况下，单击菜单栏中"编辑"→"相交"命令，如图 3-37 所示，选择平面尖嘴部内表面，如图 3-38 所示，单击 ✔（完成）按钮，效果如图 3-39 所示。

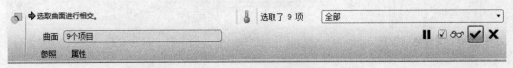

图 3-37　交线操作面板

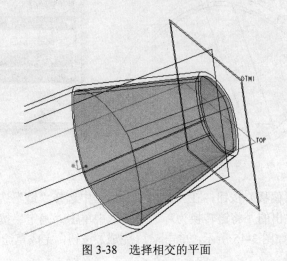

图 3-38　选择相交的平面

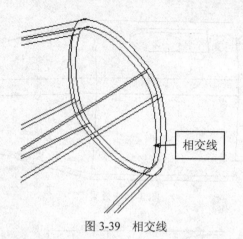

图 3-39　相交线

（11）单击菜单栏中"插入"→"混合"→"切口"命令，在菜单管理器中选择"平行"
→"规则截面"→"草绘截面"→"完成"选项，如图 3-40 所示，在"属性"列表中选择"直"
→"完成"选项，如图 3-41 所示，选择拉伸体的上表面作为草绘平面，确认投影方向，以缺
省方式进入草绘，如图 3-42 所示。

图 3-40　混合选项设置

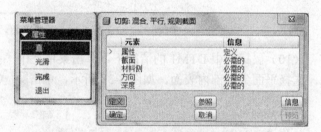

图 3-41　属性设置

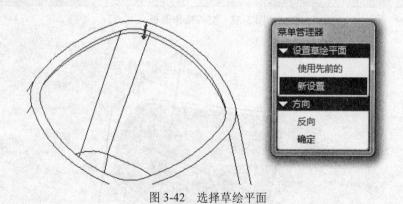

图 3-42　选择草绘平面

（12）单击 （偏移）按钮，在"类型"对话框中选择"链"选项，如图 3-43 所示选
择"接受"选项，在跳出的"将链转换为环"对话框中单击"确定"按钮，如图 3-44 所示，
输入偏移距离值为-1，如图 3-45 所示，单击 ✔（完成）按钮，完成草绘图形，如图 3-46 所示。

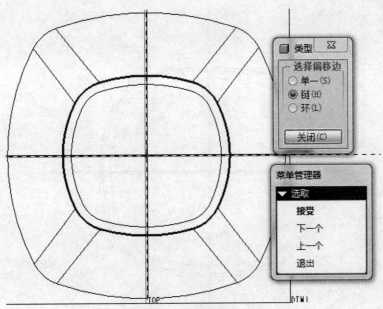

图 3-43　选择偏移的链

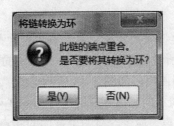

图 3-44　"将链转换为环"对话框

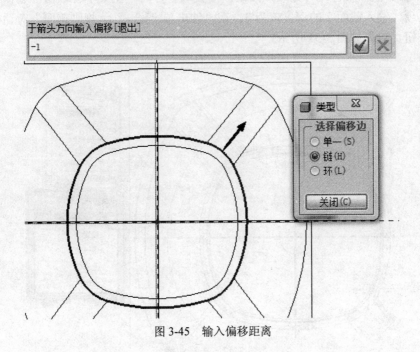

图 3-45　输入偏移距离

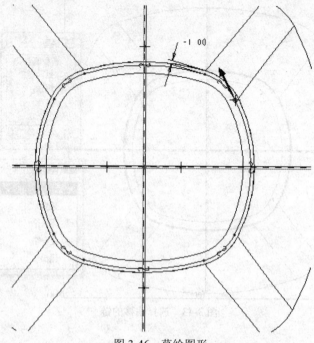

图 3-46 草绘图形

（13）单击菜单栏中"草绘"→"特征工具"→"切换截面"选项，单击 ⊟（线框）图标，模型上将显示步骤（9）中所做的曲线。单击工具栏中的 □ ▸（使用）按钮，在"类型"对话框中选择"链"选项，选择曲线，如图 3-47 所示选择"接受"选项，关闭"类型"对话框，如图 3-48 所示。如起点方向不同，鼠标左键选择如图 3-49 所示的点，然后单击菜单栏中"草绘"→"特征工具"→"起点"命令，将两个截面的起点方向设为一致，如图 3-50 所示，然后单击左边命令栏中的 ✔（完成）按钮，接受缺省方向。在菜单管理器中选择"盲孔"→"完成"选项，输入截面 2 的深度值为 3，在"伸出项:混合,平行,规则截面"对话框中，单击"确定"按钮，效果如图 3-51 所示。

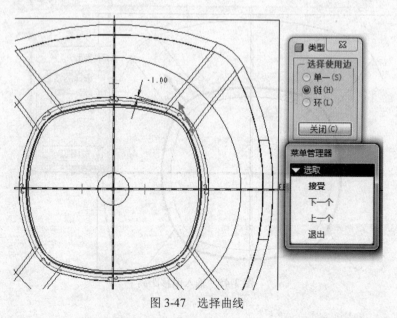

图 3-47 选择曲线

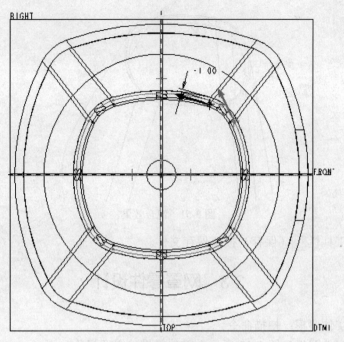

图 3-48 草绘图形

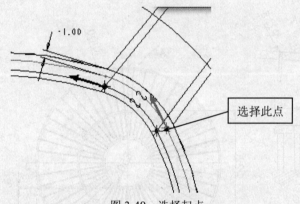

图 3-49 选择起点

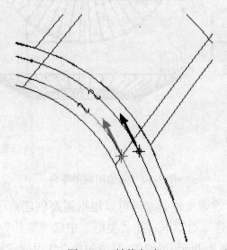

图 3-50 转换起点

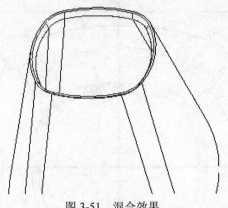

图 3-51　混合效果

（14）单击工具栏 <!-- 保存图标 -->（保存）按钮保存文件。

3.3　网罩零件设计

本节重点：实体建模；扫描命令。

落地扇网罩零件图纸如图 3-52 所示，零件建模的主要操作如下：

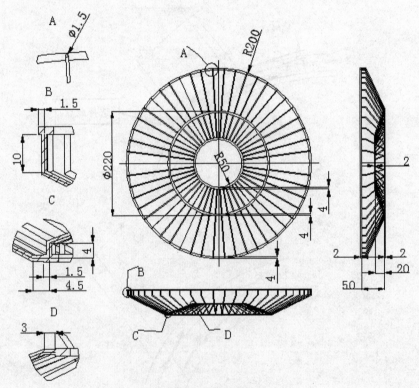

图 3-52　落地扇网罩零件

（1）启动 Pro/E 软件，设置工作目录（可以根据需要创建自己的工作目录），单击 <!-- 图标 -->（创建新对象）按钮，打开"新建"对话框。在"类型"中选"零件"单选项，在"子类型"中选"实体"单选项，输入文件名为 luodishan19，取消勾选"使用缺省模板"复选框。在打开的"新文件选项"对话框中选中"mmns_part_solid"文件，单击"确定"按钮，进入零件设计界面。

（2）单击工具栏中的 ⚛️（旋转工具）按钮，打开旋转操作面板，单击 ▱（实体）按钮，然后单击"放置"按钮，单击"定义"按钮，弹出"草绘"对话框，选择 FRONT 基准平面作为草绘平面，以 RIGHT 基准平面作为"右"参照进入草绘模式，单击"草绘"按钮进行草绘，草绘图形如图 3-53 所示，单击 ✔（完成）按钮，完成后的效果如图 3-54 所示。

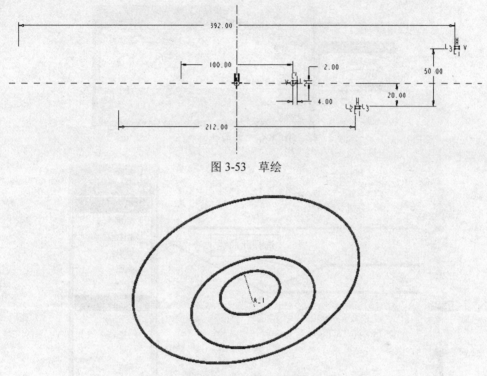

图 3-53　草绘

图 3-54　旋转建模后模型

（3）单击工具栏中的 ⟋⟍（草绘）按钮，弹出"草绘"对话框，选择 FRONT 基准平面作草绘平面，以 RIGHT 基准平面作为"右"参照进入草绘模式，单击"草绘"按钮进行草绘，草绘图形如图 3-55 所示，单击 ✔（完成）按钮。

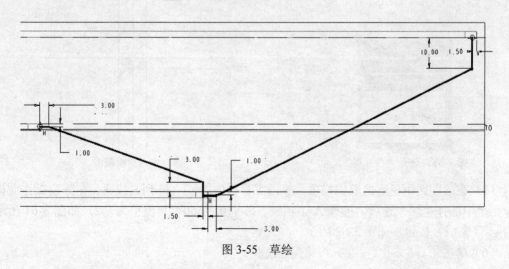

图 3-55　草绘

（4）单击菜单栏中"插入"→"扫描"→"伸出项"命令，在"扫描轨迹"中选择"选取轨迹"选项，如图 3-56 所示。在菜单管理器中选择"依次"→"选取"→"完成"选项，如图 3-57 所示，在"属性"对话框中选择"合并端"→"完成"选项，如图 3-58 所示。在绘图区十字线外绘制截面，如图 3-59 所示，单击 ✔（完成）按钮，在"伸出项:扫描"对话框中单击"确定"按钮，效果如图 3-60 所示。

图 3-56 选取轨迹

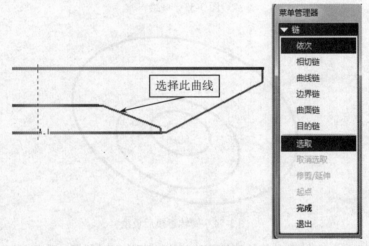

图 3-57 选择扫描轨迹

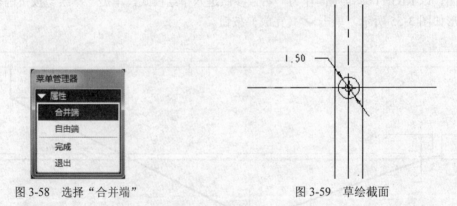

图 3-58 选择"合并端"   图 3-59 草绘截面

（5）在绘图区用鼠标选取扫描项，单击工具栏中的 ▦（阵列）按钮，在陈列操作面板中下拉菜单中选择"轴"选项，选择 A_1 轴线，阵列值为 50，角度值为 7.2，如图 3-61 所示，单击 ✔（完成）按钮，如图 3-62 所示。

（6）单击工具栏 🖫（保存）按钮保存文件。

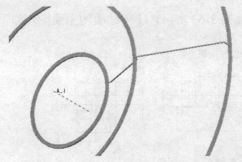

图 3-60　扫描创建的模型

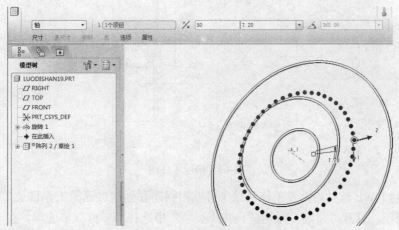

图 3-61　陈列创建的模型

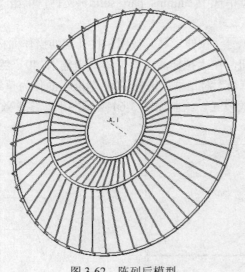

图 3-62　阵列后模型

3.4　扇叶零件设计

本节重点：实体建模；线面建模；投影曲线；边界混合曲面；曲面顶点倒圆角；曲面加厚；多特征阵列。

落地扇扇叶零件图纸如图 3-63 所示，零件建模的主要操作如下：

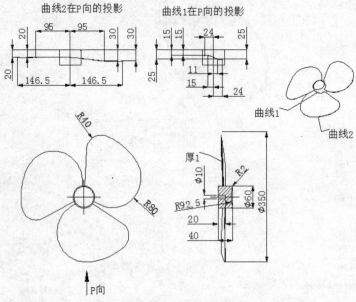

图 3-63　扇叶零件图

（1）启动 Pro/E 软件，设置工作目录（可以根据需要创建自己的工作目录），单击 □（创建新对象）按钮，打开"新建"对话框。在"类型"中选择"零件"单选项，在"子类型"中选择"实体"单选项，输入文件名为 luodishan21，取消勾选"使用缺省模板"复选框，在打开的"新文件选项"对话框中选中"mmns_part_solid"文件，单击"确定"按钮，进入零件设计界面。

（2）单击工具栏中的 □（拉伸工具）按钮，打开拉伸操作面板，单击 □（实体）按钮，选择 □·（对称拉伸）按钮，在"拉伸深度"文本框中输入 40。然后单击"放置"按钮，单击"定义"按钮，弹出"草绘"对话框，选择 TOP 基准平面作为草绘平面，以 RIGHT 基准平面作为"右"参照进入草绘模式，绘制如图 3-64 所示图形，零件效果如图 3-65 所示。

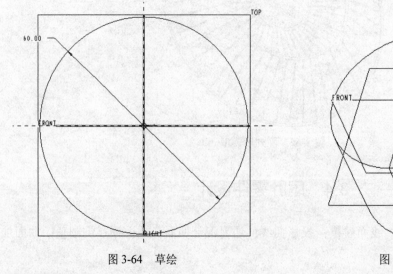

图 3-64　草绘

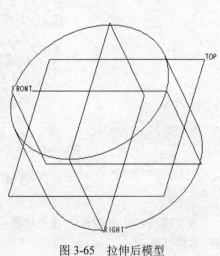

图 3-65　拉伸后模型

（3）单击工具栏中的 🔲（拉伸工具）按钮，打开拉伸操作面板，单击 🔲（拉伸成曲面）按钮，选择 🔲·（对称拉伸），在"拉伸深度"文本框中输入 40。然后单击"放置"按钮，单击"定义"按钮，弹出"草绘"对话框，选择 TOP 基准平面作为草绘平面，以 RIGHT 基准平面作为"右"参照进入草绘模式，绘制如图 3-66 所示图形，零件效果如图 3-67 所示。

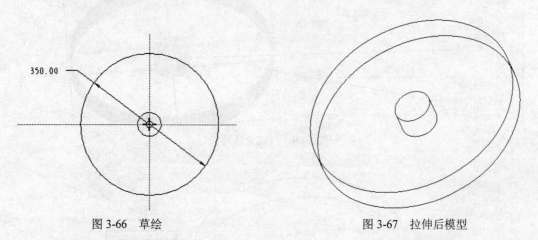

图 3-66　草绘　　　　　　　　　　　图 3-67　拉伸后模型

（4）单击工具栏中的 🔲（草绘）按钮，弹出"草绘"对话框，选择 FRONT 基准面作为草绘平面，以 RIGHT 基准平面作为"右"参照进入草绘模式，单击"草绘"按钮进行草绘。单击工具栏中的 ～（样条曲线）按钮，草绘如图 3-68 所示，单击 ✔（完成）按钮。

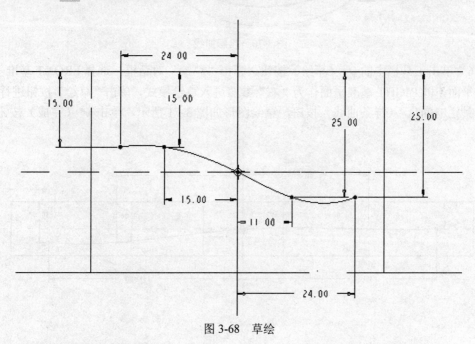

图 3-68　草绘

（5）单击菜单栏中"编辑"→"投影"命令，在投影操作面板上单击"参照"选项，打开"参照"面板，选择"投影草绘"选项。鼠标选取步骤（4）中所做的草绘图形，在"曲面"选项中选取步骤（2）中的拉伸侧表面，"方向参照"选择 FRONT 基准平面，方向朝外，如图 3-69 所示，单击 ✔（完成）按钮，效果如图 3-70 所示。

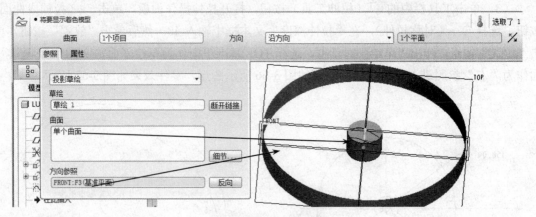

图 3-69   投影曲线设置

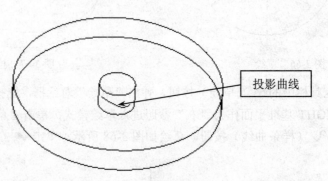

图 3-70   投影曲线

（6）单击工具栏中的 ≈ （草绘）按钮，弹出"草绘"对话框，选择 FRONT 基准平面作为草绘平面，以 RIGHT 基准平面作为"右"参照进入草绘模式，单击"草绘"按钮进行草绘。单击工具栏中的 ∿ （样条曲线）按钮，草绘图形如图 3-71 所示，单击 ✔ （完成）按钮。

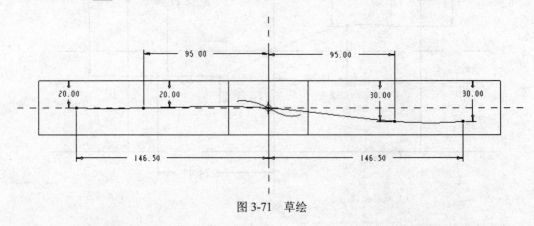

图 3-71   草绘

（7）单击菜单栏中"编辑"→"投影"命令，在投影操作面板上单击"参照"，打开"参照"面板，选择"投影草绘"选项。鼠标选取步骤（6）中所做的草绘图形，在"曲面"中选取步骤（3）中的拉伸表面，"方向参照"选择 FRONT 基准平面，方向朝外，如图 3-72 所示，单击 ☑ （完成）按钮，效果如图 3-73 所示。

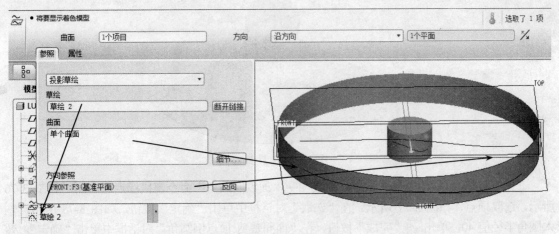

图 3-72　投影曲线设置

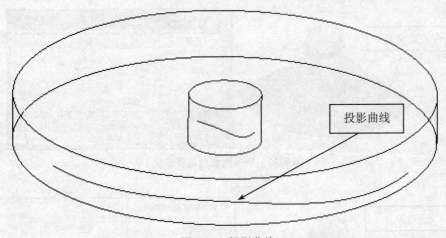

图 3-73　投影曲线

（8）单击工具栏中的 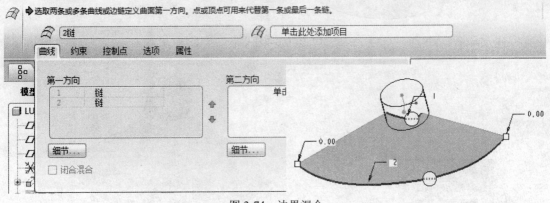（边界混合）按钮，打开"曲线"下拉菜单，选取第一方向的两条曲线，如图 3-74 所示，单击 ✔ "完成"按钮，效果如图 3-75 所示。

图 3-74　边界混合

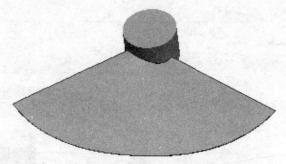

图 3-75　边界曲面

（9）单击菜单栏中"插入"→"高级"→"顶点倒圆角"命令，鼠标点选曲面，如图 3-76 所示，选取顶点，如图 3-77 所示。在"选取"对话框中单击"确定"按钮，如图 3-78 所示，输入圆角半径值 40，单击☑"完成"按钮，在"曲面裁剪:顶点倒圆角"对话框中单击"确定"，效果如图 3-79 所示。

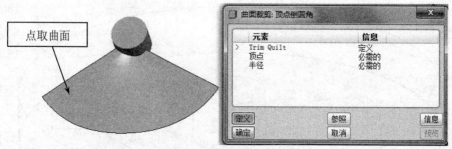

图 3-76　顶点倒圆角选择曲面

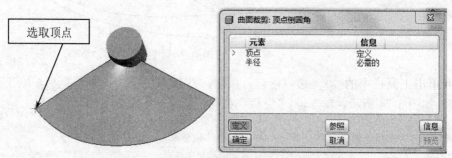

图 3-77　选择顶点

图 3-78　"选取"对话框

图 3-79　顶点倒圆角

（10）按照步骤（9）对曲面另一顶点倒 R80 的圆角，效果如图 3-80 所示。

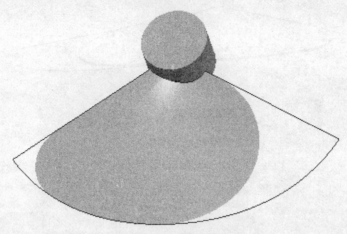

图 3-80　顶点倒圆角

（11）在绘图区用鼠标选取曲面，如图 3-81 所示，单击菜单栏中"编辑"→"加厚"命令，在加厚操作面板中输入 1，如图 3-82 所示，单击 "完成"按钮，效果如图 3-83 所示。

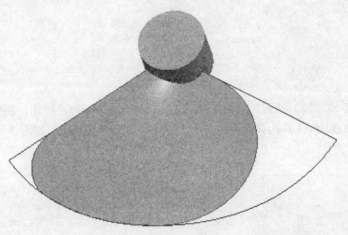

图 3-81　选取曲面

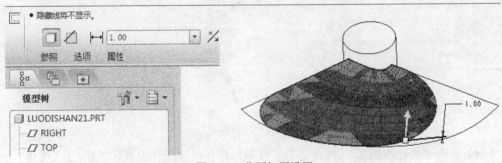

图 3-82　曲面加厚设置

（12）在模型树中用鼠标选取"边界混合""曲面裁剪""曲面裁剪""加厚 1"四个特征，然后单击鼠标右键，在弹出的快捷菜单中选择"组"命令，如图 3-84 所示。

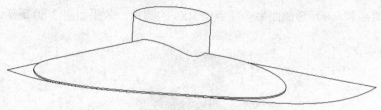

图 3-83　曲面加厚

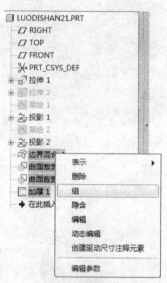

图 3-84　创建组

（13）选取步骤（12）所建的组，单击工具栏中的 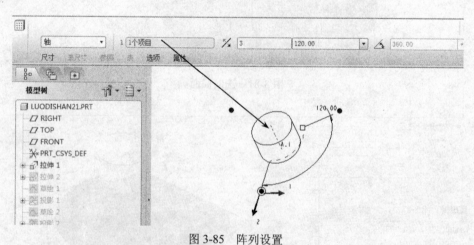（阵列）按钮，在阵列操作面板中选择"轴"选项，选择轴 A1 作为阵列轴，阵列值为 3，阵列角度 120，如图 3-85 所示，效果如图 3-86 所示。

图 3-85　阵列设置

（14）单击工具栏中的 （拉伸工具）按钮，打开拉伸操作面板，单击 （实体）按钮，在"拉伸深度"文本框中输入 20，选择 （去除材料）。然后单击"放置"按钮，单击"定义"按钮，弹出"草绘"对话框，选择拉伸轴底面作为草绘平面，以 RIGHT 基准平面作为"底部"参照进入草绘模式，绘制如图 3-87 所示图形，零件效果如图 3-88 所示。

图 3-86　阵列三个扇叶

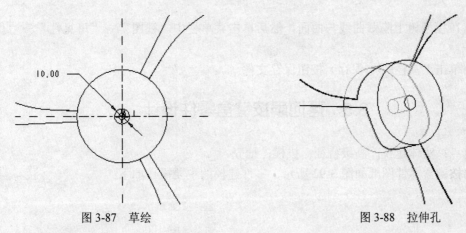

图 3-87　草绘　　　　　　　　　　　　图 3-88　拉伸孔

（15）单击工具栏中的 ⚙（旋转工具）按钮，打开旋转操作面板，选中 □（实体）按钮，选择 ◿（去除材料），然后单击"放置"按钮，单击"定义"按钮，弹出"草绘"对话框。选择刚刚创建的基准平面 FRONT 作为草绘平面，以 RIGHT 基准平面作为"右"参照进入草绘模式，绘制如图 3-89 所示图形，零件效果如图 3-90 所示。

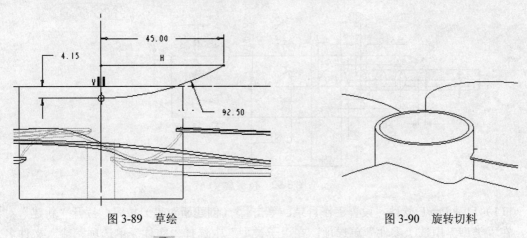

图 3-89　草绘　　　　　　　　　　　　图 3-90　旋转切料

（16）单击工具栏中的 ⌐（倒圆角）按钮，圆角半径值为 2，对拉伸顶面进行倒圆角，如图 3-91 所示。

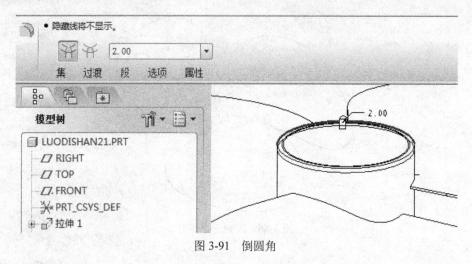

图 3-91　倒圆角

（17）在模型树上隐藏曲线与曲面，然后单击菜单栏中"视图"→"可见性"→"保存状态"命令。

（18）单击工具栏 💾（保存）按钮保存文件。

3.5　落地扇按键盒零件设计

本节重点：实体建模；高级特征；拔模；抽壳。

落地扇按键盒零件图纸如图 3-92 所示，零件建模的主要操作如下：

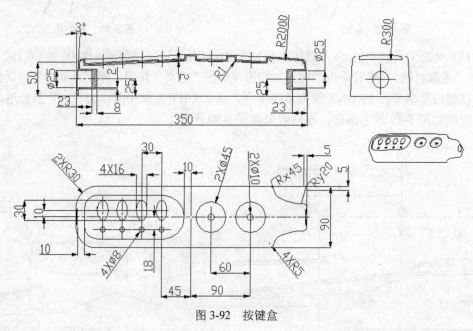

图 3-92　按键盒

（1）启动 Pro/E 软件，设置工作目录，单击 □（创建新对象）按钮，打开"新建"对话框。在"类型"中选"零件"单选项，在"子类型"中选择"实体"单选项，输入文件名为luodishan07，取消勾选"使用缺省模板"复选框。在打开的"新文件选项"对话框中选中"mmns_part_solid"文件，单击"确定"按钮，进入零件设计界面。

（2）单击工具栏中的 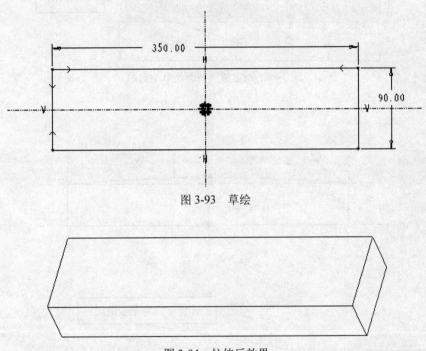（拉伸工具）按钮，打开拉伸操作面板，单击▢（实体）按钮，在"拉伸深度"文本框中输入 50，然后单击"放置"按钮，单击"定义"按钮，弹出"草绘"对话框，选择 TOP 基准平面作为草绘平面，以 RIGHT 基准平面作为"右"参照进入草绘模式，绘制如图 3-93 所示图形，零件效果如图 3-94 所示。

图 3-93　草绘

图 3-94　拉伸后效果

（3）单击菜单栏中"插入"→"高级"→"剖面圆顶"命令（如没有，设置参见 3.1 节），在菜单管理器中选择"扫描"→"一个轮廓"→"完成"选项，如图 3-95 所示。选择上表面作为圆顶的曲面，选择前侧面作为轮廓草绘曲面，如图 3-96 所示，确定以缺省方式进入草绘界面，绘制如图 3-97 所示草绘图形，单击✔（完成）按钮。利用鼠标调整视角，选择左侧面作为草绘的曲面，如图 3-98 所示，确定以缺省方式进入草绘界面，绘制如图 3-99 所示草绘图形，单击✔（完成）按钮，效果如图 3-100 所示。

图 3-95　菜单管理器

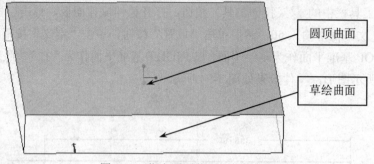

图 3-96　指定圆顶曲面及草绘曲面

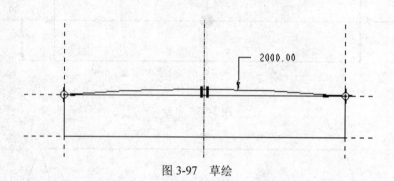

图 3-97　草绘

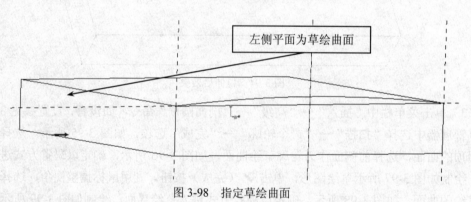

图 3-98　指定草绘曲面

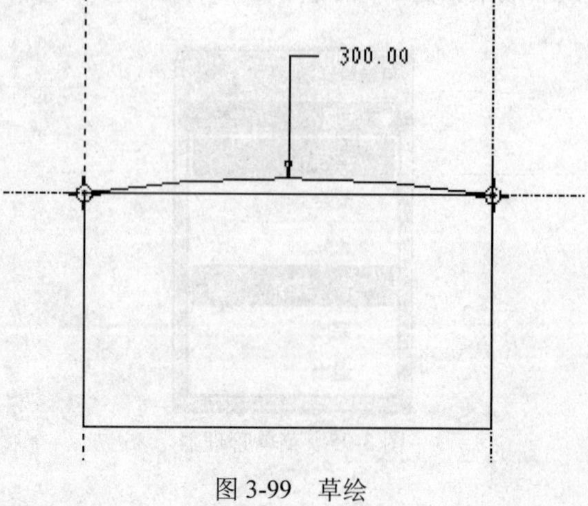

图 3-99　草绘

图 3-100 完成剖面圆顶

（4）单击工具栏中的 ⬚（拉伸工具）按钮，打开拉伸操作面板，单击 □（实体）按钮，在"拉伸深度"选项中选择 ⬛ 两侧穿透，选择 ▱（去除材料），然后单击"放置"按钮，单击"定义"按钮，弹出"草绘"对话框。选择 TOP 基准平面作为草绘平面，以 RIGHT 基准平面作为"右"参照进入草绘模式，绘制如图 3-101 所示图形，零件效果如图 3-102 所示。

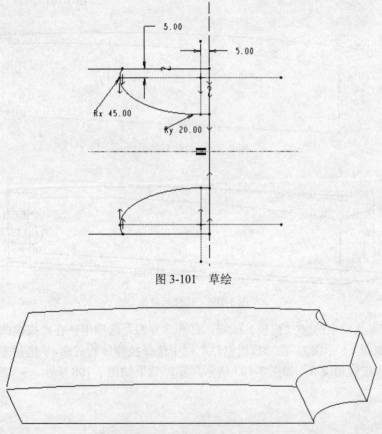

图 3-101 草绘

图 3-102 拉伸切除后效果

（5）单击工具栏中的 ⬚（拉伸工具）按钮，打开拉伸操作面板，单击 □（实体）按钮，在"拉伸深度"文本框中输入 23，然后单击"放置"按钮，单击"定义"按钮，弹出"草绘"对话框。选择拉伸左侧面为草绘平面，以拉伸底面为"底"参照进入草绘模式，如图 3-103 所示，绘制如图 3-104 所示图形，零件效果如图 3-105 所示。

（6）鼠标选择刚刚创建的拉伸切除特征，单击工具栏中的 ◧◨（镜像）按钮，选择 RIGHT 基准平面作为镜像面，进行特征镜像操作后，效果如图 3-106 所示。

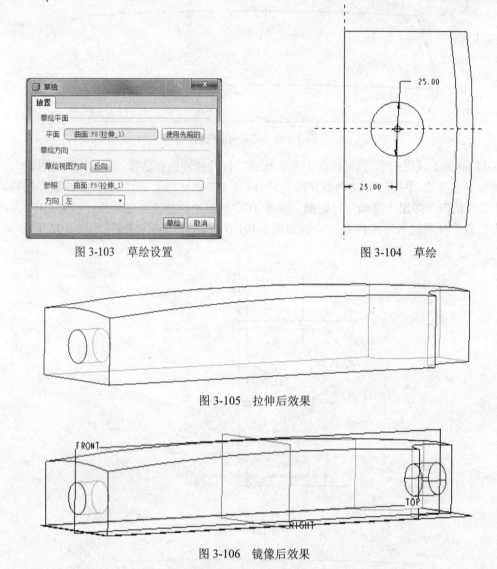

图 3-103　草绘设置　　　　　　　　　　图 3-104　草绘

图 3-105　拉伸后效果

图 3-106　镜像后效果

（7）单击工具栏中的 （拔模）按钮，打开"参照"选项卡，在"拔模曲面"栏中选择拉伸体的周边侧面（6 个面），在"拔模枢轴"栏中选择拉伸体的底面，"拖拉方向"向下，在操作面板中输入拔模角度 3，如图 3-107 所示，零件效果如图 3-108 所示。

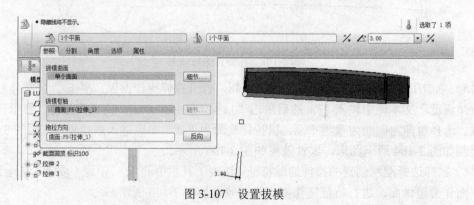

图 3-107　设置拔模

图 3-108 拔模效果

（8）单击工具栏中的 （倒圆角）按钮，左侧棱倒 R50 圆角，模型效果如图 3-109 所示。

图 3-109 倒圆角效果

（9）单击工具栏中的 （倒圆角）按钮，右侧棱及顶面侧边倒 R5 圆角，模型效果如图 3-110 所示。

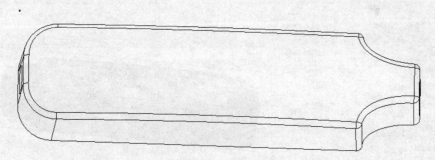

图 3-110 倒圆角效果

（10）单击工具栏中的 （平面）按钮，打开"基准平面"对话框，偏移 TOP 平面 60，如图 3-111 所示，创建基准面 DTM1。

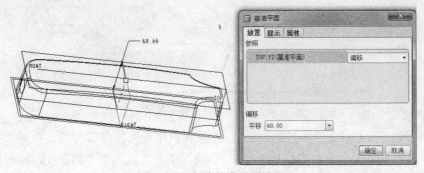

图 3-111 创建基准平面设置

（11）单击工具栏中的 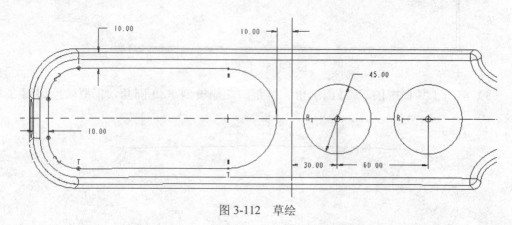（草绘工具）按钮，选择上一步创建的 DTM1 作为草绘平面，以 RIGHT 基准平面作为"右"参照进入草绘模式，绘制如图 3-112 所示的草绘图形，单击 ✔（完成）按钮完成草绘。

图 3-112　草绘

（12）鼠标选取外壳上表面，单击菜单栏中的"编辑"→"偏移"命令，在"偏移"操作面板中单击 ▥（展开）按钮，然后打开"选项"选项卡，选择"垂直于曲面"，在"展开区域"中选择"草绘区域"，在模型树中单击步骤（11）中创建的"草绘 1"，在"侧曲面垂直于"中选择"草绘"，在操作面板中输入展开距离值为 7，如图 3-113 所示，单击 ☑（完成）按钮，效果如图 3-114 所示。

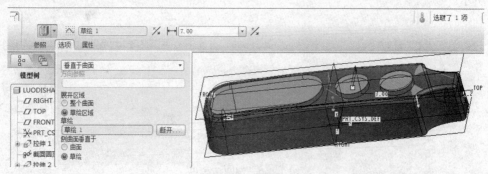

图 3-113　偏移设置

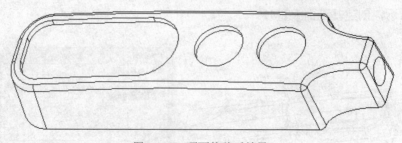

图 3-114　顶面偏移后效果

（13）单击工具栏中的 ▣（壳）按钮，在操作框中输入厚度值为 2，打开"参照"选项卡，选择"移除的曲面"为模型底部平面，"非缺省厚度"曲面为两侧盲孔，输入厚度 8，如图 3-115 所示，单击 ☑（完成）按钮，模型效果如图 3-116 所示。

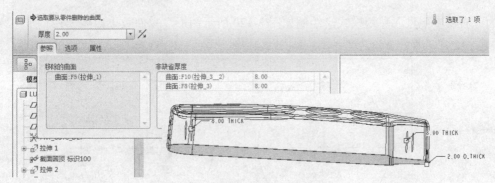

图 3-115 抽壳的设置

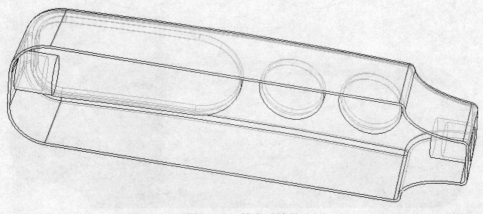

图 3-116 抽壳后效果

（14）单击工具栏中的 （倒圆角）按钮，对抽壳内部倒 R1 圆角进行修饰，模型效果如图 3-117 所示。

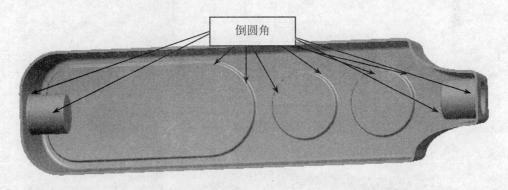

图 3-117 倒圆角

（15）单击工具栏中的 （拉伸工具）按钮，打开拉伸操作面板，单击 （实体）按钮，在拉伸深度"选项"中选择 （两侧穿透），选择 （去除材料），然后单击"放置"按钮，单击"定义"按钮，弹出"草绘"对话框。选择 DTM1 表面作为草绘平面，以 RIGHT 基准平面作为"右"参照进入草绘模式，绘制如图 3-118 所示图形，零件效果如图 3-119 所示。

（16）单击工具栏中的 （拉伸工具）按钮，打开拉伸操作面板，单击 （实体）按钮，在拉伸深度"选项"中选择 （两侧穿透），选择 （去除材料），然后单击"放置"按钮，单击"定义"按钮，弹出"草绘"对话框。选择 DTM1 表面作为草绘平面，以 RIGHT 基准平面作为"右"参照进入草绘模式，绘制如图 3-120 所示图形，零件效果如图 3-121 所示。

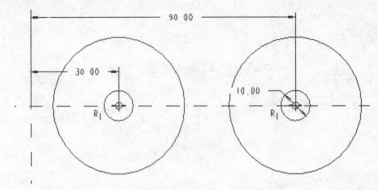

图 3-118　草绘

图 3-119　拉伸后效果

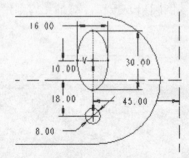

图 3-120　草绘

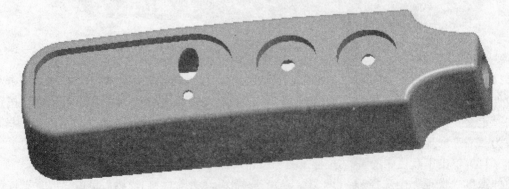

图 3-121　拉伸后效果

（17）选择上一步拉伸特征，单击工具栏中的 ▦（阵列）按钮，在阵列操作面板中选择"尺寸"选项卡，单击"尺寸"打开下拉菜单，在"方向 1"中选择尺寸 45 并设置增量 30，方向 1 设置数量为 4，方向 2 不设置，如图 3-122 所示，效果如图 3-123 所示。

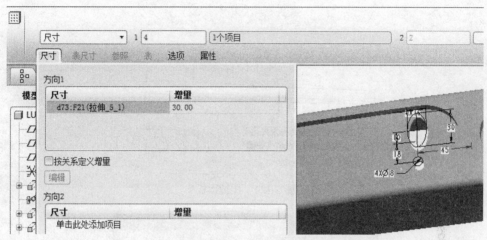

图 3-122 阵列设置

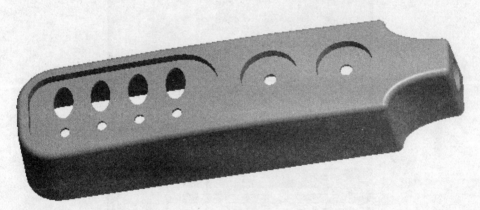

图 3-123 阵列后效果

（18）单击工具栏 ▯（保存）按钮保存文件。

3.6 按键面板零件设计

本节重点：实体建模；组件下建模；曲面拷贝与复制；曲面加厚。

落地扇按键面板零件图纸如图 3-124 所示，零件建模的主要操作如下：

（1）启动 Pro/E 软件，设置工作目录，单击 ▯（创建新对象）按钮，打开"新建"对话框，如图 3-125 所示。在"类型"中选择"组件"单选项，在"子类型"中选择"设计"单选项，输入文件名为 anniuhezujian，取消勾选"使用缺省模板"复选框。在打开的"新文件选项"对话框中选中"mmns_asm_design"文件，如图 3-126 所示，单击"确定"按钮，进入组件设计界面。

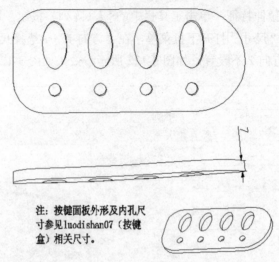

注：按键面板外形及内孔尺寸参见 luodishan07（按键盒）相关尺寸。

图 3-124　按键面板

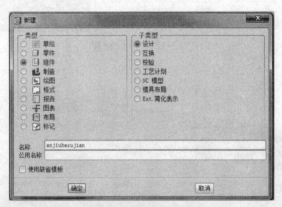

图 3-125　"新建"对话框

图 3-126　"新文件选项"对话框

（2）单击模型树旁边的 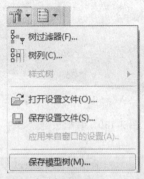（设置）按钮，在打开的菜单中选择"树过滤器"命令，如图 3-127 所示，在弹出的对话框中选中"特征"复选框，如图 3-128 所示，然后单击"确定"按钮，这样就可以在组件中显示特征了。

图 3-127 "树过滤器"命令

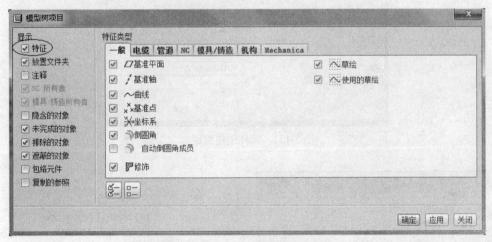

图 3-128 "模型树项目"对话框

（3）单击工具栏中的 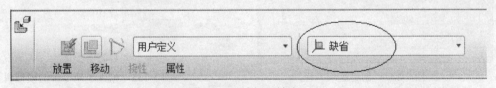（装配）按钮，从本书配套资料（可从网站下载或根据附录自建模型）中找到文件 luodishan07.prt，单击"打开"按钮，在放置操作面板中从约束类型中选择"缺省"选项，如图 3-129 所示，然后单击 ✔（接受）按钮，效果如图 3-130 所示。

图 3-129 选择"缺省"

（4）单击工具栏中的 （创建）按钮，在弹出的"元件创建"对话框中选择"类型"为零件，"子类型"为实体，在"名称"栏输入 luodishan09，如图 3-131 所示，然后单击"确定"按钮；在"创建选项"对话框中选择"创建方法"为定位缺省基准，"定位基准的方法"为对齐坐标系与坐标系，如图 3-132 所示，然后单击"确定"按钮，在模型树中选择 ASM_DEF_CSYS（组件坐标系），此时模型树中出现新零件，展开新零件的模型树，如图 3-133 所示。

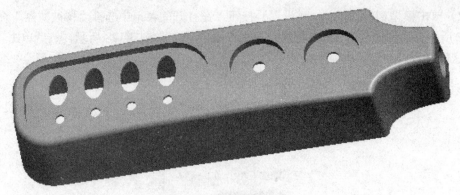

图 3-130 装配按键盒零件

图 3-131 元件创建对话框

图 3-132 创建选项

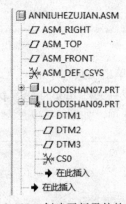

图 3-133 创建了新零件的模型树

（5）在绘图区用鼠标左键选取按键盒表面的槽的上表面，如图 3-134 所示，单击工具栏中的 🗎（复制）按钮，然后单击 🗎（粘贴）按钮，在弹出的复制操作面板中，如图 3-135 所示，单击 ☑（完成）按钮，如图 3-136 所示。

（6）鼠标选取刚复制的平面，单击菜单栏中"编辑"→"└ 加厚"命令，在加厚操作面板中输入 7，注意加厚方向向上，如图 3-137 所示，单击 ☑"完成"按钮，效果如图 3-138 所示。

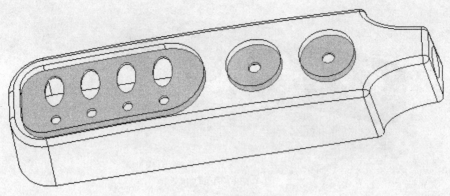

图 3-134 选择槽表面

图 3-135 复制操作面板

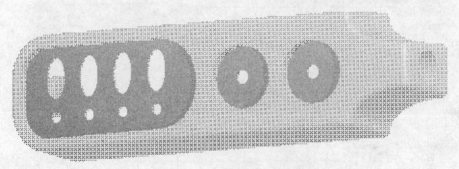

图 3-136 复制完成槽上平面

图 3-137 设置"加厚"

（7）单击工具栏中的 ◻（拉伸工具）按钮，打开拉伸操作面板，单击 ◻（实体）按钮，选择 ╪╪（穿通）及 ◿（去除材料），然后单击"放置"按钮，单击"定义"按钮，弹出"草绘"对话框。选择 DTM2 基准平面作为草绘平面，以 DTM1 基准平面作为"右"参照进入草绘模式，如图 3-139 所示，绘制如图 3-140 所示图形。注意切除材料方向的选择，如图 3-141 所示图形，单击 ✔（完成）按钮完成拉伸操作，模型效果如图 3-142 所示。

图 3-138 曲面加厚

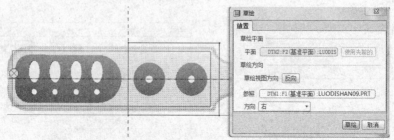

图 3-139 设置草绘

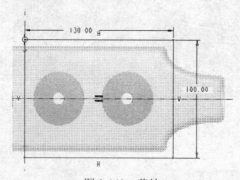

图 3-140 草绘

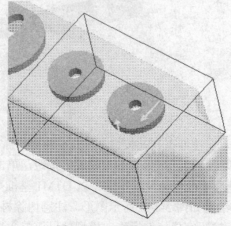

图 3-141 调整切除方向

图 3-142　切除多余料

（8）在绘图区观察到按键盒零件与按键面板零件有干涉现象，在菜单栏中选择"工具"→"模型"→"全局干涉"命令，在"全局干涉"对话框中选择"仅零件"、"精确"单选项，然后单击　⚭　（预览）按钮，如图 3-143 所示，显示出 luodishan07.prt 与 luodishan09.prt 两零件有干涉，关闭对话框。

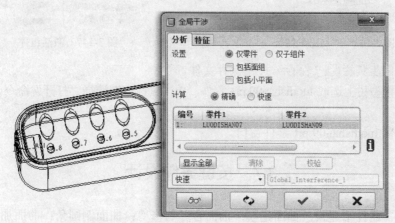

图 3-143　零件干涉显示

（9）在菜单栏中选择"编辑"→"元件操作"命令，在菜单管理器中选择"切除"→"完成/返回"选项，如图 3-144 所示。在信息区提示"选取要对其执行切出处理的零件"，选择 luodishan09.prt 零件，单击鼠标右键确认，在信息区提示"切出处理选取参照零件"，选择 luodishan07.prt 零件，单击鼠标右键确认，在菜单管理器中单击"完成"→"完成/返回"选项，如图 3-145 所示，完成两元件的干涉切除操作，此时 luodishan09.prt 零件多了一个"切出特征"，如图 3-146 所示。

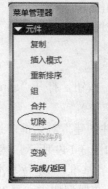

图 3-144　设置元件"切除"

图 3-145　选取"参照"

（10）在模型树上选取 anniuzuhejian.asm 组件，单击鼠标右键，从快捷菜单中选择"激活"命令，如图 3-147 所示。

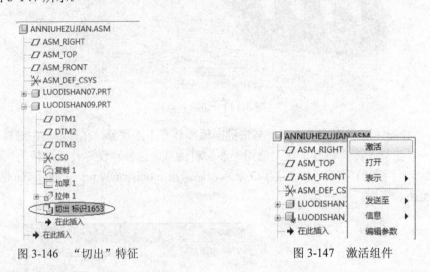

图 3-146　"切出"特征　　　　　　　　图 3-147　激活组件

（11）单击工具栏 □（保存）按钮保存文件。

（12）在模型树上选取 luodishan09.prt 零件，单击鼠标右键选择"打开"命令，查看刚才所做的零件。

（13）关闭 luodishan09.prt 零件窗口。

3.7　按键零件设计

本节重点：组件下建模；曲面建模；曲面合并与修剪；曲面倒圆角；曲面加厚。

落地扇按键零件图纸如图 3-148 所示，零件建模的主要操作如下：

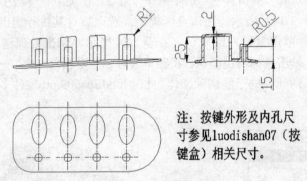

注：按键外形及内孔尺寸参见luodishan07（按键盒）相关尺寸。

图 3-148　按键零件

（1）启动 Pro/E 软件，设置工作目录，单击 ⤤（打开）按钮，打开"anniuzuhejian.asm"组件（注：已组装有 luodishan07.prt 及 luodishan09.prt 两个文件）。

（2）单击工具栏中的 ⿻（创建）按钮，在跳出的"元件创建"对话框中选择"类型"为零件，"子类型"为实体，在"名称"栏输入 luodishan10，如图 3-149 所示，然后单击"确定"按钮；在"创建选项"对话框中选择"创建方法"为定位缺省基准，"定位基准的方法"为对齐坐标系与坐标系，如图 3-150 所示，然后单击"确定"按钮。在模型树中选择 ⫟ ASM_DEF_CSYS

（组件坐标系），此时模型树中出现新零件，展开新零件的模型树，如图 3-151 所示。

图 3-149　"元件创建"对话框

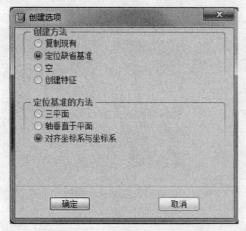

图 3-150　"创建选项"对话框

（3）在模型树上选择 "luodishan09.prt" 零件，单击鼠标右键，选择"隐藏"命令，如图 3-152 所示。

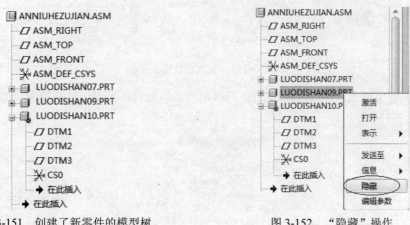

图 3-151　创建了新零件的模型树　　　　图 3-152　"隐藏"操作

（4）在绘图区用鼠标左键选取按键盒下表面，如图 3-153 所示，单击工具栏中的 ▦（复制）按钮，然后单击 ▦（粘贴）按钮在弹出的复制操作面板中，打开"选项"选项卡，选择右边的两个环面为"排除轮廓"，选择左边曲面的 4 个椭圆与 4 个圆为"填充孔/曲面"，如图 3-154 所示，单击 ✔（完成）按钮，如图 3-155 所示。

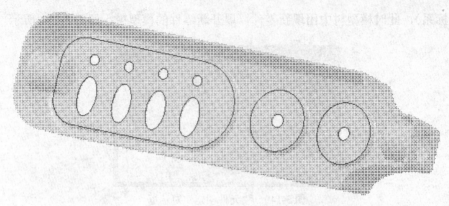

图 3-153　选取按键盒下表面

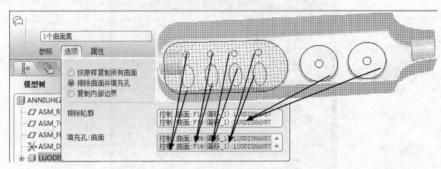

图 3-154　复制操作面板

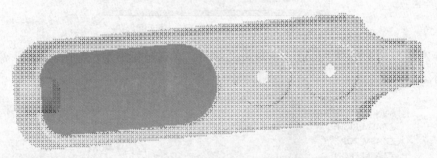

图 3-155　复制完成槽上平面

（5）在模型树上选取 anniuzuhejian.asm 组件，单击鼠标右键，从快捷菜单中选择"激活"命令，如图 3-156 所示。

图 3-156　激活组件

（6）单击工具栏 □（保存）按钮保存文件。

（7）在模型树上选取 luodishan10.prt 零件，单击鼠标右键选择"打开"命令，在另一个窗口进行零件造型设计同时关闭"anniuhezujian.asm"窗口。

（8）单击工具栏中的 ⬚（拉伸工具）按钮，打开拉伸操作面板，单击 ⬚（曲面）按钮，在"拉伸深度"文本框中输入 100，如图 3-157 所示。然后单击"放置"按钮，单击"定义"按钮，弹出"草绘"对话框，选择 DTM2 基准平面作为草绘平面，以 DTM1 基准平面作为"右"参照进入草绘模式，单击"草绘"按钮进行草绘，草绘如图 3-158 所示，单击 ✓（完成）按钮完成拉伸操作，模型效果如图 3-159 所示。

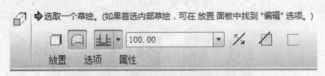

图 3-157　拉伸设置

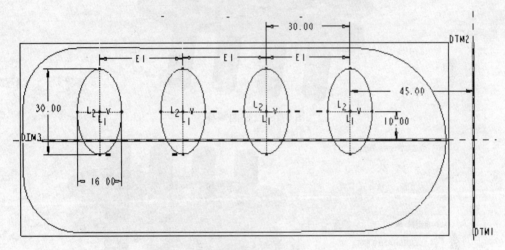

图 3-158　草绘

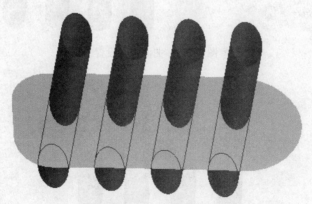

图 3-159　拉伸曲面

（9）鼠标选取"复制 1"曲面，单击菜单栏中"编辑"→"偏移"命令，输入"偏移"距离值为 25，如图 3-160 所示，单击 ✓（完成）按钮，效果如图 3-161 所示。

（10）鼠标选取"偏移 1"曲面与"拉伸 1"曲面（步骤（8）中所做的曲面），单击工具栏中 ⬚（合并）按钮，调整合并曲面的方向，如图 3-162 所示，单击 ✓（完成）按钮，效果如图 3-163 所示。

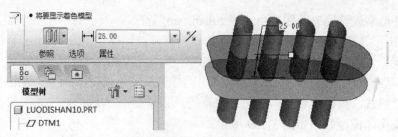

图 3-160　偏移设置

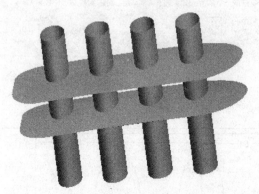

图 3-161　曲面偏移

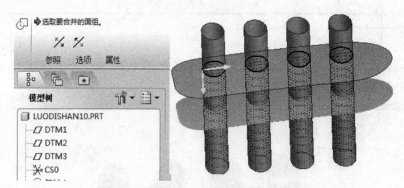

图 3-162　曲面合并设置

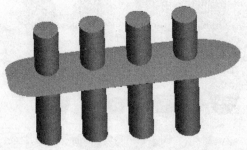

图 3-163　曲面合并

（11）单击工具栏中的 （拉伸工具）按钮，打开拉伸操作面板，单击 （曲面）按钮，在"拉伸深度"文本框中输入 100，如图 3-164 所示，然后单击"放置"按钮，单击"定义"按钮，弹出"草绘"对话框。选择 DTM2 基准平面作为草绘平面，以 DTM1 基准平面作为"右"参照进入草绘模式，单击"草绘"按钮进行草绘，草绘如图 3-165 所示，单击 ✔（完成）按钮完成拉伸操作，模型效果如图3-166所示。

图3-164　拉伸曲面设置

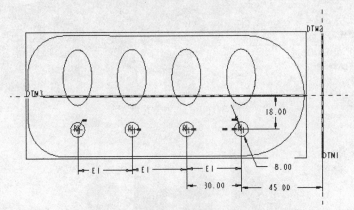

图3-165　草绘

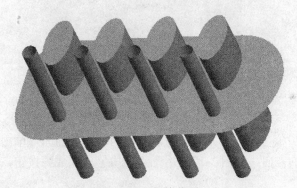

图3-166　拉伸曲面

（12）鼠标选取"复制1"曲面，单击菜单栏中"编辑"→"偏移"命令，输入"偏移"距离值为15，单击 ✔（完成）按钮，效果如图3-167所示（与步骤（9）所做相同）。

图3-167　曲面偏移

（13）鼠标选取步骤（11）（12）所做的"拉伸 1"曲面与"偏移 1"曲面，单击工具栏中 ⬚（合并）按钮，调整合并曲面的方向，如图 3-168 所示，单击 ✅（完成）按钮，效果如图 3-169 所示。

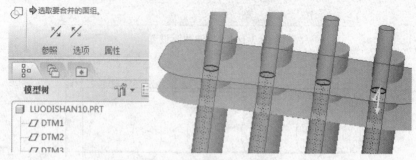

图 3-168　曲面合并设置

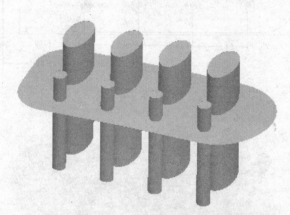

图 3-169　曲面合并后效果

（14）鼠标选取步骤（9）（10）所做的复制曲面与合并曲面，单击工具栏中 ⬚（合并）图标，调整合并曲面的方向，如图 3-170 所示，单击 ✅（完成）按钮，效果如图 3-171 所示。

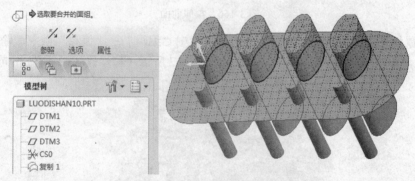

图 3-170　曲面合并设置

（15）鼠标选取步骤（11）（14）所做的拉伸曲面与合并曲面，单击工具栏中 ⬚（合并）按钮，调整合并曲面的方向，如图 3-172 所示，单击 ✅（完成）按钮，效果如图 3-173 所示。

（16）单击工具栏中的 ⬚（倒圆角）按钮，倒椭圆四周 R1 圆角，模型效果如图 3-174 所示。

图 3-171 曲面合并后效果

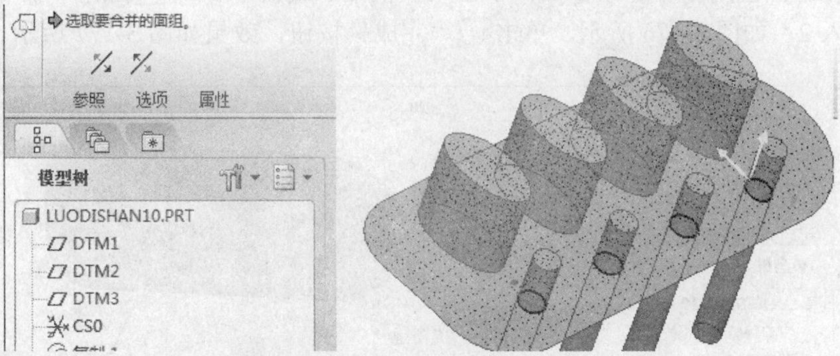

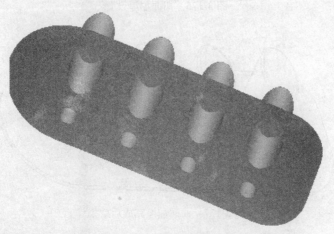

图 3-172 曲面合并设置

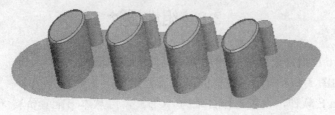

图 3-173 曲面合并后效果

图 3-174 倒圆角

（17）单击工具栏中的 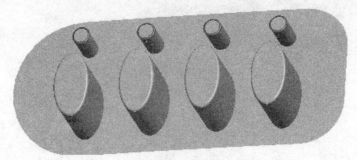（倒圆角）按钮，倒圆四周 R0.5 圆角，模型效果如图 3-175 所示。

图 3-175　倒圆角

（18）在绘图区用鼠标选取曲面，单击菜单栏中"编辑"→"加厚"命令，在加厚操作面板中输入 2，如图 3-176 所示，单击 "完成"按钮，效果如图 3-177 所示。

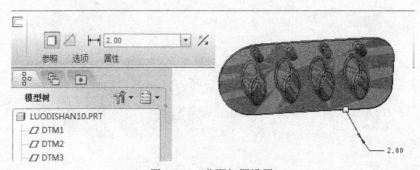

图 3-176　曲面加厚设置

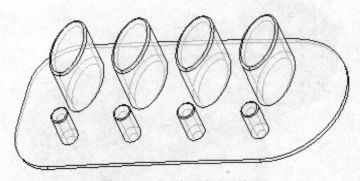

图 3-177　曲面加厚完成后效果

（19）单击工具栏中的（保存）按钮保存文件。

3.8　组件设计

本节重点：Pro/E 组件设计模块的功能；元件的装配操作。

落地扇组件如图 3-178 所示，建模的基本流程如下：

（1）启动 Pro/E 软件，设置工作目录为"CH3"，可从本书配套资料（从网站下载或根据附录自建模型）中拷出。单击（创建新对象）按钮，打开"新建"对话框，在"类型"中选择"组件"单选项，在"子类型"中选择"设计"单选项，输入文件名为 luodishan，取消勾选"使用缺省模板"复选框。在打开的"新文件选项"对话框中选中"mmns_asm_design"文件，单击"确定"按钮，进入组件设计界面。

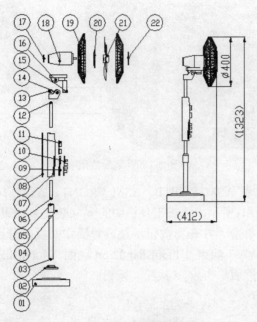

图 3-178 落地扇组件

（2）单击模型树旁边的 （设置）按钮，在打开的菜单中选择"树过滤器"，在弹出的对话框中选中"特征"选项，然后单击"确定"按钮，这样就可以在组件中显示特征了。

（3）单击工具栏中的 （装配）按钮，从"CH3"文件夹中找到文件 luodishan01.prt，单击"打开"按钮，在放置操作面板中从约束类型中选择"缺省"选项，然后单击 （接受）按钮，效果如图 3-179 所示。

图 3-179 装配底座零件

（4）单击工具栏中的 （装配）按钮，从"CH3"文件夹中找到文件 luodishan02.prt，单击"打开"按钮，在放置操作面板中分别选择零件 luodishan01.prt 与 luodishan02.prt 轴线 A_1"对齐"约束及 luodishan01.prt 槽顶面与 luodishan02.prt 底面 "配对"重合约束，如图 3-180 所示，然后单击 （接受）按钮。

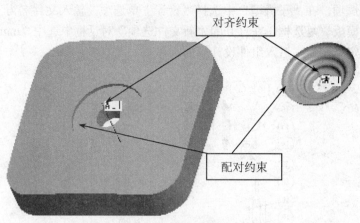

图 3-180 装配约束

（5）在模型树上隐藏 ASM_RIGHT、ASM_FRONT、ASM_TOP、ASM_DEF_CSYS、luodishan02.prt，如图 3-181 所示。单击工具栏中的（装配）按钮，从"CH3"文件夹中找到文件 luodishan03.prt，单击"打开"按钮，在放置操作面板中分别选择 luodishan02.prt 与 luodishan03.prt 圆柱面"插入"约束及 luodishan02.prt 底面与 luodishan03.prt 底面"配对"重合约束，如图 3-182 所示，然后单击（接受）按钮。

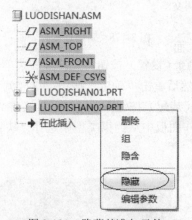

图 3-181 隐藏基准与元件

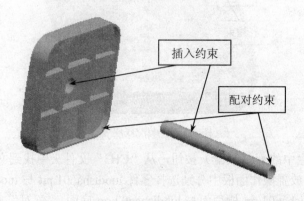

图 3-182 装配约束

（6）单击工具栏中的 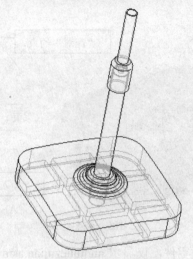 （装配）按钮，用类似步骤（5）的方法采用"插入"与"配对"约束，顺序装入 luodishan05.prt、luodishan06.prt 零件，效果如图 3-183 所示。

图 3-183　装配效果图

（7）在模型树上隐藏其他零件，仅显示 luodishan05.prt 零件，单击工具栏中的 （装配）按钮，从"CH3"文件夹中找到文件 luodishan04.prt，单击"打开"按钮，在放置操作面板中分别选择 luodishan05.prt 轴线 A_2 与 luodishan04.prt 轴线 A_1"对齐"约束及 luodishan05.prt 圆柱面与 luodishan04.prt 头部底面"相切"约束。如两零件位置不理想，可以在装配操作面板中选择"平移"后在窗口内调整零件的相对位置，装配操作如图 3-184 所示，然后单击 （接受）按钮。

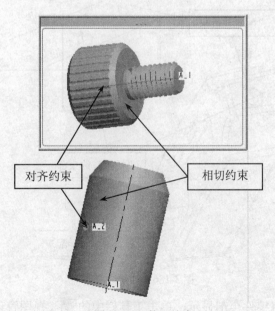

图 3-184　装配约束

（8）在模型树上隐藏其他零件，仅显示 luodishan06.prt，单击工具栏中的 （装配）按钮，从"CH3"文件夹中找到文件 anniuhezujian.asm，单击"打开"按钮，在放置操作面板中分别选择 luodishan06.prt 外圆柱侧面与 anniuhezujian.asm 左侧盲孔圆柱侧面"插入"约束及 luodishan06.prt 上顶面与 anniuhezujian.asm 左侧盲孔底面"配对"重合约束，如图 3-185 所示，然后单击☑（接受）按钮。

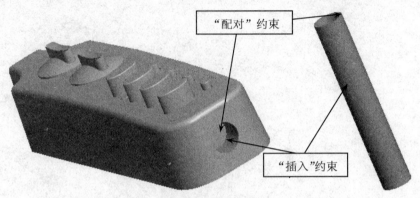

图 3-185　装配约束

（9）在模型树上隐藏其他零件，仅显示 anniuhezujian.asm，单击工具栏中的⚙（装配）按钮，从"CH3"文件夹中找到文件 luodishan12.prt，单击"打开"按钮，在放置操作面板中分别选择 luodishan12.prt 外圆柱侧面与 anniuhezujian.asm 顶面盲孔圆柱侧面"插入"约束及 luodishan12.prt 下顶面与 anniuhezujian.asm 顶面盲孔底面"配对"重合约束，如图 3-186 所示，然后单击☑（接受）按钮。

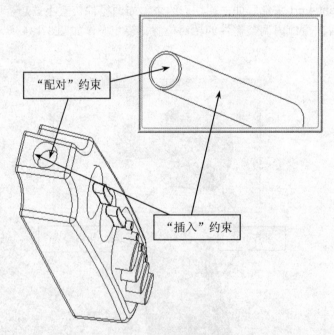

图 3-186　装配约束

（10）在模型树上将零件全部显示，单击工具栏中的⚙（视图管理器）按钮，在视图管理器中选择"定向"→"FRONT"选项，单击鼠标右键，在快捷菜单中选择"重定义"命令，如图 3-187 所示，在弹出的"方向"对话框中进行"重定向"设置，如图 3-188 所示。

图 3-187　视图管理器"定向"

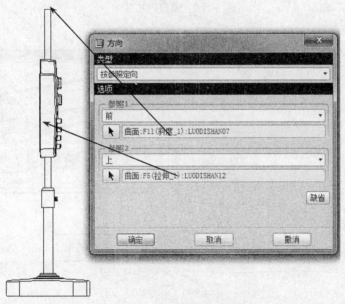

图 3-188　重定向 FRONT 平面

（11）在模型树上隐藏其他零件，仅显示 luodishan07.prt，单击工具栏中的 🔲 （已命名视图列表）按钮，选择"FRONT"选项，单击 🔍 （重新调整图标）按钮，单击工具栏中的 🔩 （装配）按钮，从"CH3"文件夹中找到文件 luodishan14.prt，单击"打开"按钮，在放置操作面板中分别选择 luodishan07.prt 外圆柱侧面与 luodishan14.prt 右侧台阶孔圆柱侧面"插入"约束及 luodishan07.prt 上顶面与 luodishan14.prt 右侧台阶孔顶面"配对""重合"约束，如图 3-189所示，然后单击 ✅ （接受）按钮。

（12）在模型树上隐藏其他零件，仅显示 luodishan14.prt，单击工具栏中的 🔩 （装配）按钮，从"CH3"文件夹中找到文件 luodishan16.prt，单击"打开"按钮，在放置操作面板中分别选择 luodishan14.prt 上顶面与 luodishan16.prt 槽底面"对齐""定向"约束及 luodishan14.prt A_2 轴与 luodishan16.prt A_1 轴"对齐"约束及 luodishan14.prt 叉子内侧面与 luodishan16.prt

凸起侧面"配对""重合"约束，如图 3-190 所示，然后单击 ☑（接受）按钮。

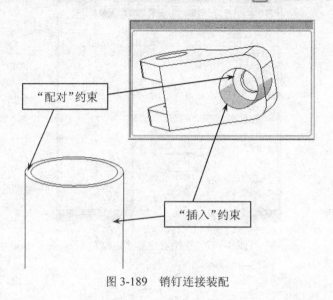

图 3-189　销钉连接装配

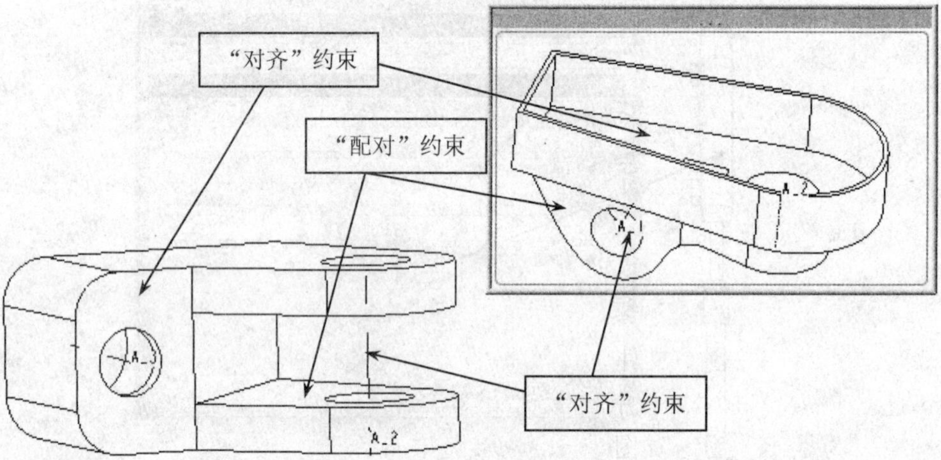

图 3-190　装配约束

（13）在模型树上隐藏其他零件，仅显示 luodishan14.prt，单击工具栏中的 ☑（装配）按钮，从"CH3"文件夹中找到文件 luodishan13.prt，单击"打开"按钮，在放置操作面板中分别选择 luodishan14.prt 叉子孔内表面与 luodishan13.prt 圆柱侧面"插入"约束及 luodishan14.prt 侧面与 luodishan13.prt 头端下表面"配对""重合"约束，如图 3-191 所示，然后单击 ☑（接受）按钮。

（14）在模型树上隐藏其他零件，仅显示 luodishan16.prt，单击工具栏中的 ☑（装配）按钮，从"CH3"文件夹中找到文件 luodishan15.prt，单击"打开"按钮，在放置操作面板中分别选择 !uodishan16.prt 孔内表面与 luodishan15.prt 圆柱面"插入"约束及 luodishan16.prt 凸台面与 luodishan15.prt 头端下表面"配对""重合"约束，如图 3-192 所示，然后单击 ☑（接受）按钮。

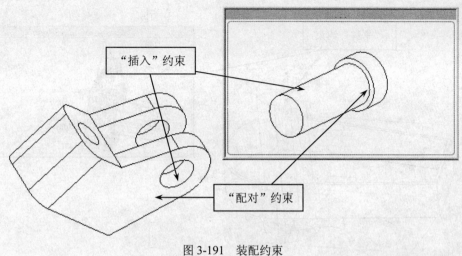

图 3-191   装配约束

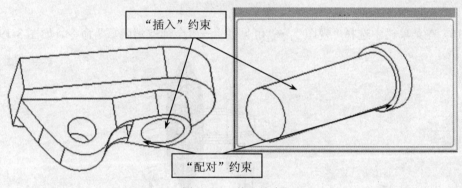

图 3-192   装配约束

（15）在模型树上隐藏其他零件，仅显示 luodishan15.prt，单击工具栏中的 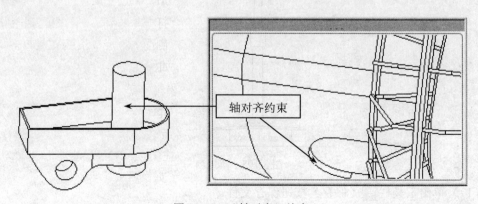 暂且省略（装配）按钮，从"CH3"文件夹中找到文件 fengshantouzujian.asm，单击"打开"按钮，在"用户定义"中选择"销钉"，在放置操作面板中分别选择 luodishan15.prt 轴表面与 fengshantouzujian.asm 槽孔圆柱面完成"轴对齐"约束，如图 3-193 所示；luodishan15.prt 轴顶面与 fengshantouzujian.asm 中的 ASM_TOP 平面"配对""偏移"15 完成"平移"约束，如图 3-194 所示，然后单击☑（接受）按钮。

图 3-193   "轴对齐"约束

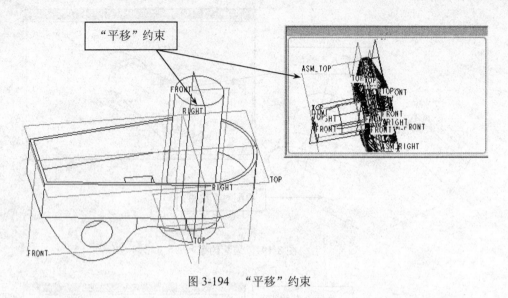

图 3-194 "平移"约束

（16）在菜单栏中选择"视图"→"可见性"→"全部取消隐藏"命令，如图 3-195 所示。

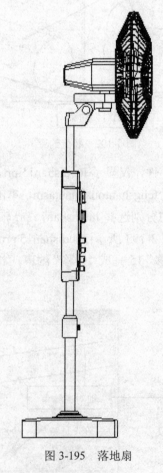

图 3-195 落地扇

（17）单击工具栏 □（保存）按钮保存文件。

3.9　运动仿真

本节重点：在虚拟的环境中模拟现实机构运动；定义伺服电机；机构分析；动画。

运动仿真的主要操作如下：

（1）启动 Pro/E 打开，设置工作目录，打开 luodishan.asm 组件。

（2）单击菜单栏中的"应用程序"→"机构"命令，此时组件上出现两个运动轴标志，如图 3-196 所示。

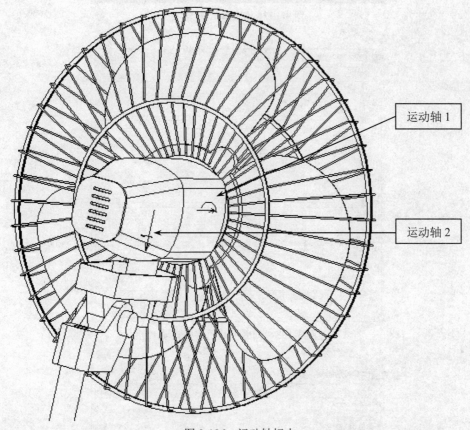

运动轴 1

运动轴 2

图 3-196　运动轴标志

（3）单击工具栏中的 ⟳（定义伺服电机）按钮，弹出如图 3-197 所示对话框，接受默认的名字，在"运动轴"中选择图 3-196 中所示的"运动轴 1"，然后单击"轮廓"选项卡，在"规范"中选择"速度"，在"模"→"常数"→"A"中输入 1500，如图 3-198 所示，单击"应用"按钮后再单击"确定"按钮。

（4）单击工具栏中的 ⟳（定义伺服电机）按钮，弹出如图 3-199 所示对话框，接受默认的名字，在"运动轴"中选择图 3-196 中所示的"运动轴 2"，然后单击"轮廓"，在"规范"中选择"速度"，在"初始角"中取消勾选"当前"复选框，输入 180；在"模"选择"余弦"选项并在 A 参数框中输入 50，B 与 C 都保持 0 不变，T 参数框中输入 4，如图 3-200 所示，单击"应用"按钮后单击"确定"按钮。

图 3-197　伺服电动机定义

图 3-198　伺服电动机参数设置

图 3-199　伺服电动机定义

（5）单击工具栏中的 （机构分析）按钮，弹出如图 3-201 所示对话框，接受默认的名字，单击"电动机"选项卡可以看到已定义的电动机，如图 3-202 所示，单击"运行"按钮，计算机运算完成后单击"确定"按钮。

图 3-200　伺服电动机参数设置

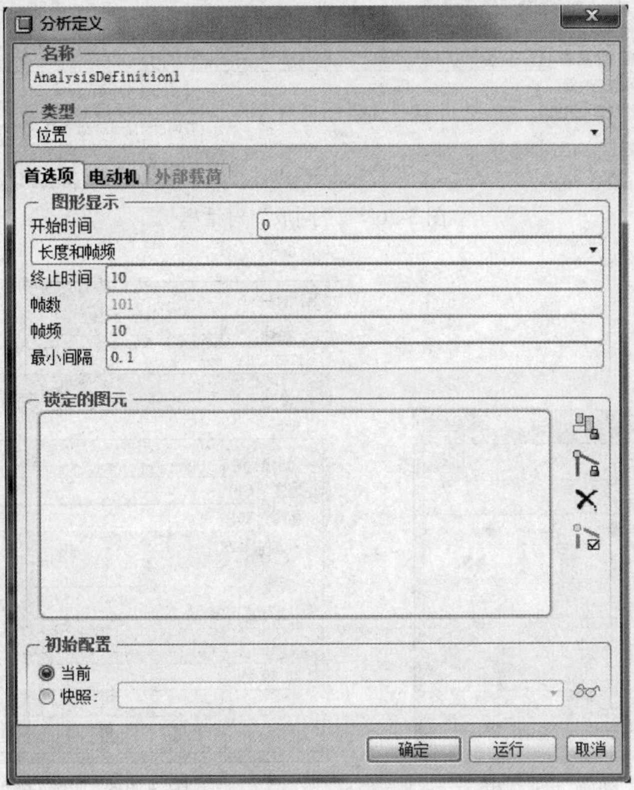

图 3-201　分析定义

（6）单击工具栏中的 ◀▶（回放）按钮，弹出如图 3-203 所示对话框，单击 ◀▶（回放）
按钮，弹出如图 3-204 所示对话框，单击"捕获"按钮，可以输出动画文件，如图 3-205 所示。

图 3-202　已定义电动机

图 3-203　"回放"对话框

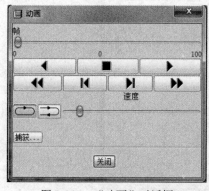

图 3-204　"动画"对话框

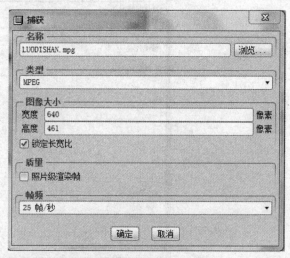

图 3-205　"捕获"对话框

（7）单击菜单栏中的"应用程序"→"标准"命令，在弹出的对话框单击"是"按钮。

（8）保存文件。

3.10　思考练习

1. 参照附录二 luodishan02 零件图纸，完成落地扇项目零件 2 的造型设计。
2. 参照附录二 luodishan03 零件图纸，完成落地扇项目零件 3 的造型设计。
3. 参照附录二 luodishan04 零件图纸，完成落地扇项目零件 4 的造型设计。
4. 参照附录二 luodishan05 零件图纸，完成落地扇项目零件 5 的造型设计。
5. 参照附录二 luodishan06 零件图纸，完成落地扇项目零件 6 的造型设计。
6. 参照附录二 luodishan08 零件图纸，完成落地扇项目零件 8 的造型设计。
7. 参照附录二 luodishan11 零件图纸，完成落地扇项目零件 11 的造型设计。
8. 参照附录二 luodishan12 零件图纸，完成落地扇项目零件 12 的造型设计。
9. 参照附录二 luodishan13 零件图纸，完成落地扇项目零件 13 的造型设计。
10. 参照附录二 luodishan14 零件图纸，完成落地扇项目零件 14 的造型设计。
11. 参照附录二 luodishan15 零件图纸，完成落地扇项目零件 15 的造型设计。
12. 参照附录二 luodishan16 零件图纸，完成落地扇项目零件 16 的造型设计。
13. 参照附录二 luodishan17 零件图纸，完成落地扇项目零件 17 的造型设计。
14. 参照附录二 luodishan20 零件图纸，完成落地扇项目零件 20 的造型设计。
15. 参照附录二 luodishan22 零件图纸，完成落地扇项目零件 22 的造型设计。
16. 参照附录二 luodishan02 零件图纸，完成落地扇项目零件 2 的工程图。
17. 参照附录二 luodishan03 零件图纸，完成落地扇项目零件 3 的工程图。
18. 参照附录二 luodishan04 零件图纸，完成落地扇项目零件 4 的工程图。
19. 参照附录二 luodishan05 零件图纸，完成落地扇项目零件 5 的工程图。
20. 参照附录二 luodishan06 零件图纸，完成落地扇项目零件 6 的工程图。
21. 参照附录二 luodishan08 零件图纸，完成落地扇项目零件 8 的工程图。
22. 参照附录二 luodishan11 零件图纸，完成落地扇项目零件 11 的工程图。
23. 参照附录二 luodishan12 零件图纸，完成落地扇项目零件 12 的工程图。
24. 参照附录二 luodishan13 零件图纸，完成落地扇项目零件 13 的工程图。
25. 参照附录二 luodishan14 零件图纸，完成落地扇项目零件 14 的工程图。
26. 参照附录二 luodishan15 零件图纸，完成落地扇项目零件 15 的工程图。
27. 参照附录二 luodishan16 零件图纸，完成落地扇项目零件 16 的工程图。
28. 参照附录二 luodishan17 零件图纸，完成落地扇项目零件 17 的工程图。
29. 参照附录二 luodishan20 零件图纸，完成落地扇项目零件 20 的工程图。
30. 参照附录二 luodishan22 零件图纸，完成落地扇项目零件 22 的工程图。
31. 根据自己做的项目零件完成落地扇项目零件的组装并进行模拟仿真。

附录一　变速器项目非标准件零件图纸

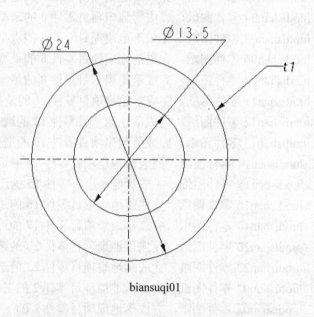

biansuqi01

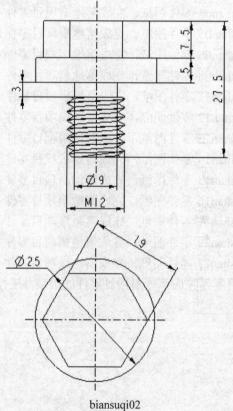

biansuqi02

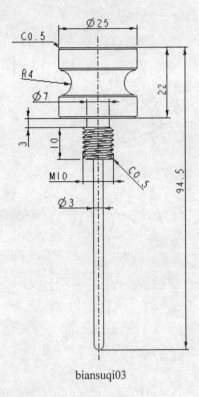

biansuqi03

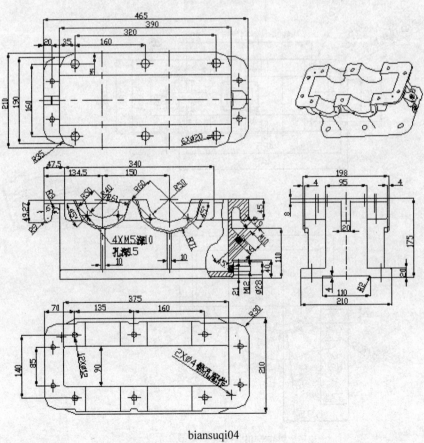

biansuqi04

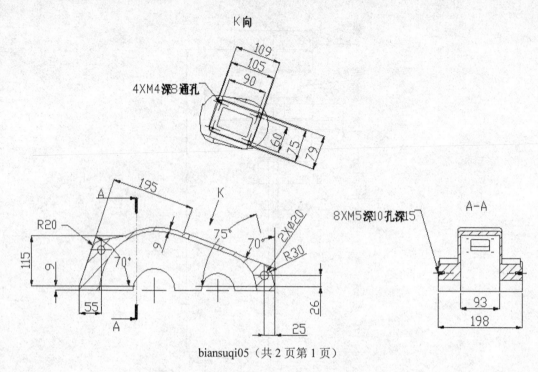

biansuqi05（共 2 页第 1 页）

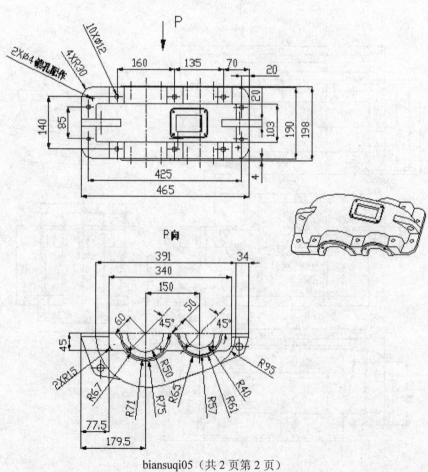

biansuqi05（共 2 页第 2 页）

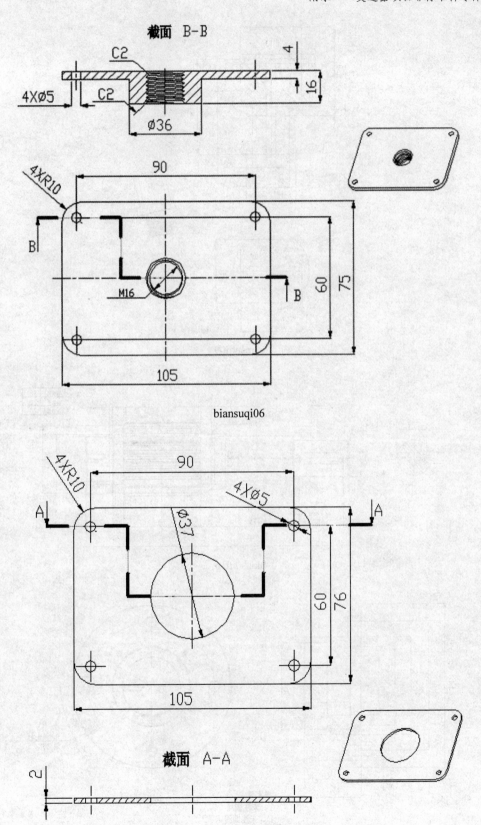

截面 B-B

biansuqi06

截面 A-A

biansuqi07

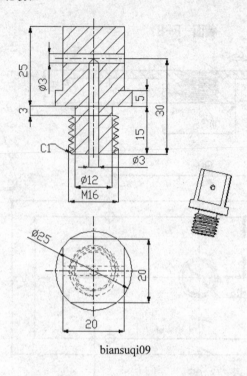

biansuqi09

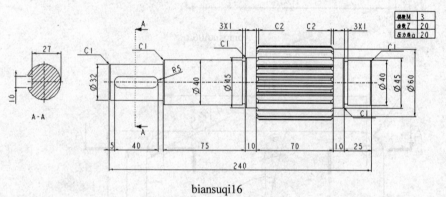

biansuqi16

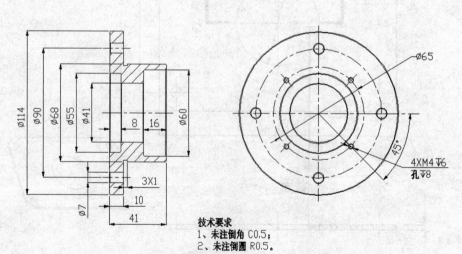

技术要求

1、未注倒角 C0.5；

2、未注倒圆 R0.5。

biansuqi17

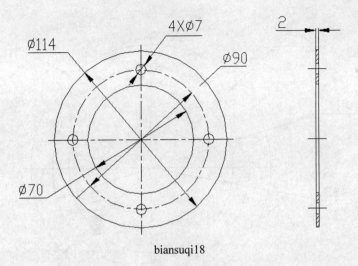

biansuqi18

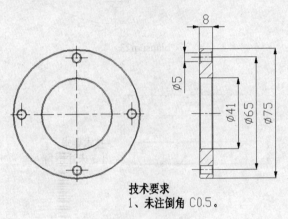

技术要求
1、未注倒角 C0.5。

biansuqi19

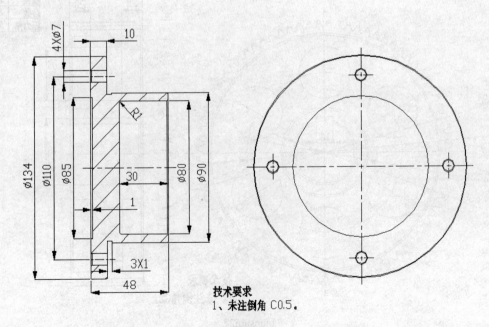

技术要求
1、未注倒角 C0.5。

biansuqi22

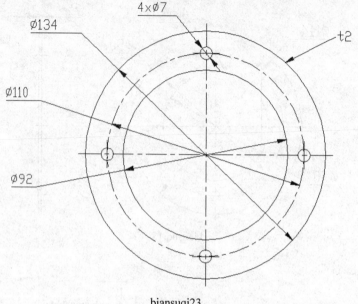

biansuqi23

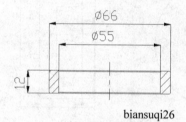

biansuqi26

技术要求
1、未注倒角 C0.5。

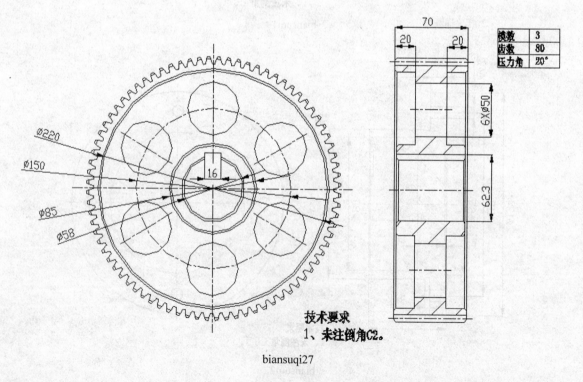

模数	3
齿数	80
压力角	20°

技术要求
1、未注倒角C2。

biansuqi27

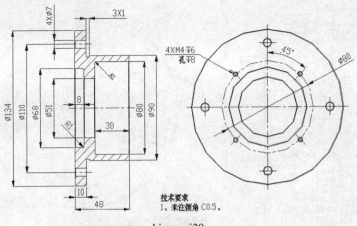

技术要求
1、未注倒角 C0.5。

biansuqi29

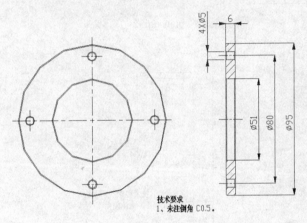

技术要求
1、未注倒角 C0.5。

biansuqi30

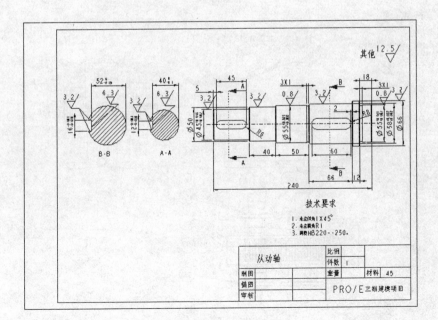

技术要求

1. 未注倒角 1×45°。
2. 未注圆角R1
3. 调质HB220--250。

从动轴		比例			
		件数	1		
制图		重量		材料	45
描图					
审核		PRO/E三维建模项目			

biansuqi31

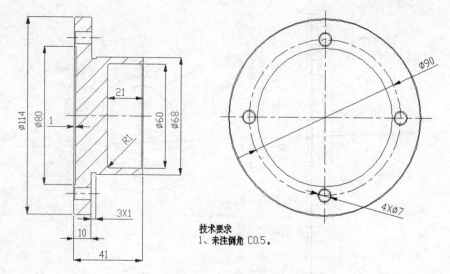

技术要求
1、未注倒角 C0.5。

biansuqi32

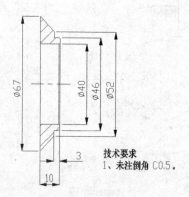

技术要求
1、未注倒角 C0.5。

biansuqi34

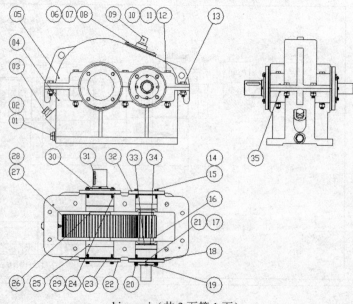

biansuqi（共 2 页第 1 页）

序号	名称	数量	材料	备注		序号	名称	数量	材料	备注
35	锥销4	2		GB/T117-2000		15	弹性垫片6	8		GB/T93-1987
34	挡油环	2	Q235			14	螺钉M6X20	8		GB/T5781-2008
33	轴承	2		6008		13	螺钉M10X40	4		GB/T5782-2008
32	小端盖(盲端)	1	HT150			12	弹性垫片10	20		GB/T93-1987
31	从动轴	1	45			11	螺母M10	10		GB/T6170-2008
30	大端油封盖	1	Q235			10	螺钉M10X110	10		GB/T5782-2008
29	大端盖(带孔)	1	HT150			9	透气塞	1	45	
28	键16X10X40	1		GB1096-2003		8	螺钉M4X10	4		GB/T67-2008
27	齿轮	1	45	M=3　Z=80		7	天窗盖垫片	1	橡胶	
26	套筒	1	Q235			6	天窗盖	1	Q235	
25	轴承	2		6011		5	上盖	1	HT200	
24	大端盖油封	1	橡胶	Ø68XØ50X8		4	底座	1	HT200	
23	大端盖密封垫圈	2	橡胶			3	油标尺	1	45	
22	大端盖(盲端)	1	HT150			2	放油塞	1	Q235	
21	小端盖油封	1	橡胶	Ø55XØ40X8		1	放油塞垫片	2	橡胶	
20	螺钉M4X10	4		GB/T5781-2008		序号	名称	数量	材料	备注
19	小端油封盖	1	Q235			装配体				
18	小端盖密封垫圈	2	橡胶			比例		件数	1	
17	小端盖(带孔)	1	45			制图		重量		共　张　第　张
16	主动轴	1	45	M=3　Z=20		描图				PROE三维项目设计
序号	名称	数量	材料	备注						

biansuqi（共2页第2页）

附录二　落地扇项目非标准件零件图纸

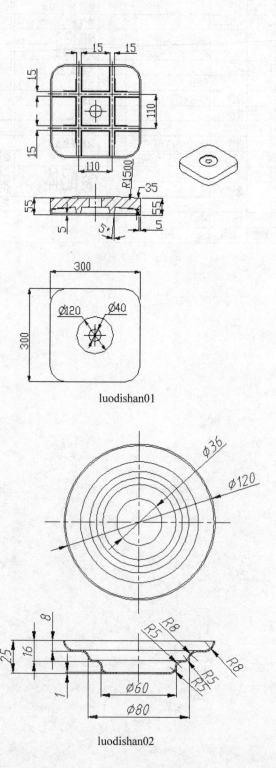

luodishan01

luodishan02

luodishan03

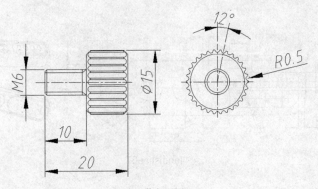

luodishan04

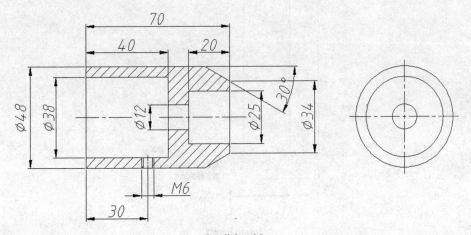

luodishan05

luodishan06

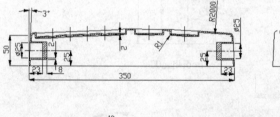

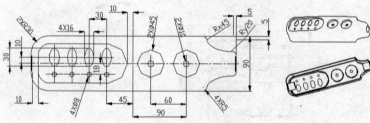

luodishan07

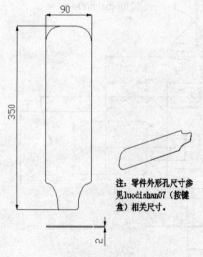

注：零件外形孔尺寸参见luodishan07（按键盒）相关尺寸。

luodishan08

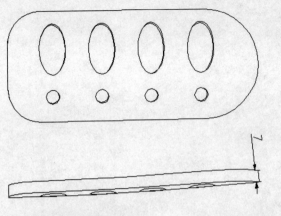

注：按键面板外形及内孔尺寸参见luodishan07（按键盒）相关尺寸。

luodishan09

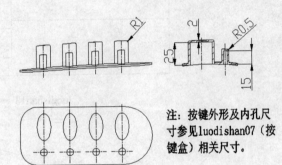

注：按键外形及内孔尺寸参见luodishan07（按键盒）相关尺寸。

luodishan10

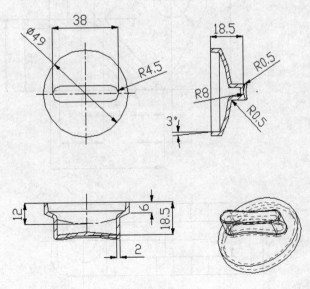

luodishan11

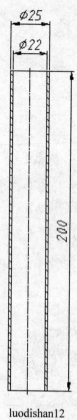

luodishan12

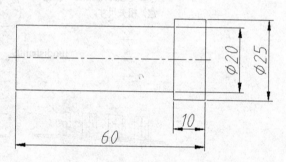

luodishan13

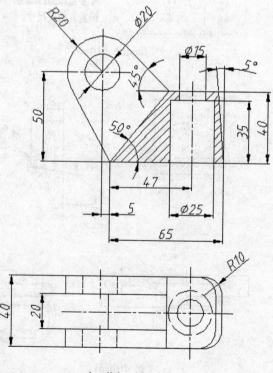

luodishan14

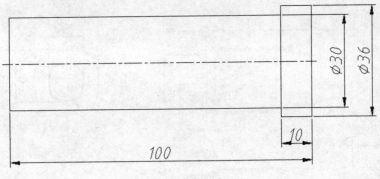

luodishan15

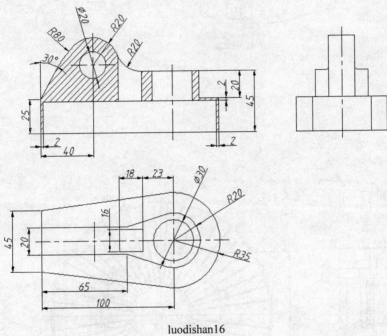

luodishan16

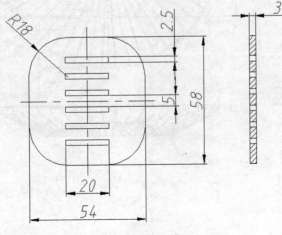

luodishan17

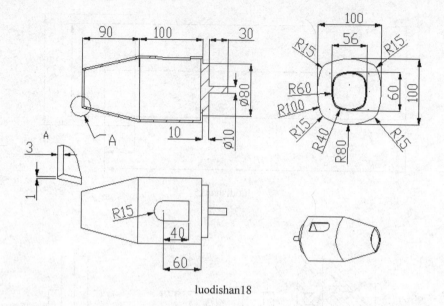

luodishan18

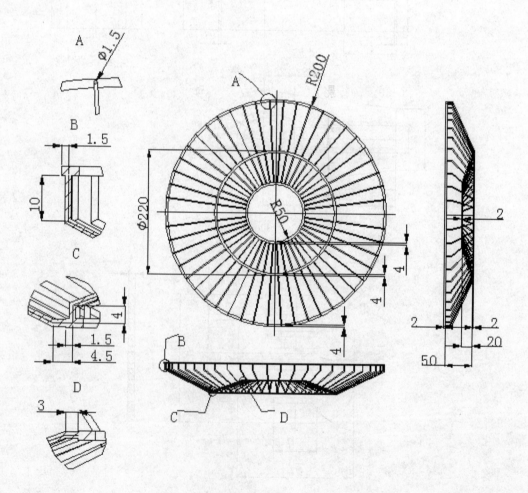

luodishan19

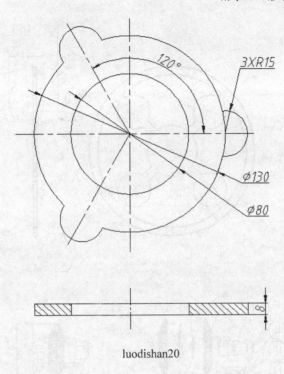

luodishan20

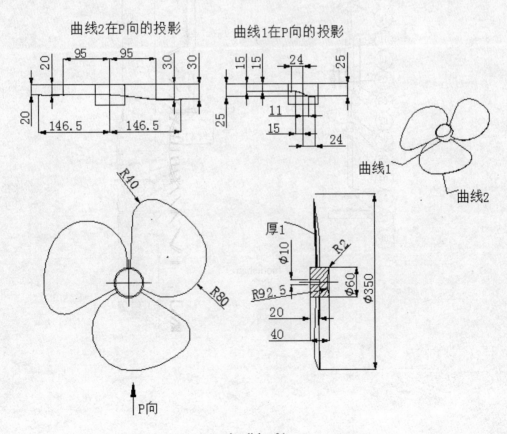

luodishan21

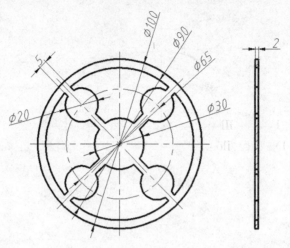

luodishan22

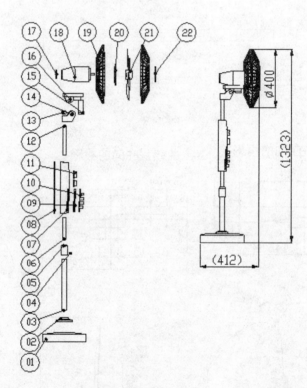

luodishan

参考文献

[1] 曾凡亮，黄诚驹．Pro/ENGINEER 项目式实训教程[M]．北京：电子工业出版社，2006．

[2] 钟日铭．Pro/ENGINEER Wildfire 5.0 基础入门与范例[M]．北京：清华大学出版社，2010．

参考文献

[1]
[2]